KUWEI
酷威文化

图书 影视

FOCUS

蒋辰◎著

专注力

江苏凤凰文艺出版社
JIANGSU PHOENIX LITERATURE AND
ART PUBLISHING

目录 CONTENTS

| 第一章
初心不改，专注成就未来

发现你的专注力

美国著名作家、演说家马克·吐温曾经说过:"只要专注于某一项事业,就一定会做出使自己吃惊的成绩。"由此可见,专注对一个人的成功是多么重要。

生活中,不知道你是否有过这样的体验:当你做某件事的时候,会因为兴趣而渐渐沉迷其中,随着时间的流逝,你会进入一种浑然忘我的状态,仿佛与周遭的环境隔绝。当你完成这件事情时,才回过神来,惊讶于自己竟然用很少的时间超乎预期地完成了任务,这种特殊的精神状态就是专注。

专注是一种力量,它能让我们专心地从事某一种工作,或者醉心于某一种爱好,甚至投身于某一种状态。这种专注力也可以称为注意力。

人的专注力有强有弱,注意力集中的时间有长有短。很多家长在孩子很小的时候就格外注意对孩子专注力的培养,然而要知道专注力受到很多因素的影响,不是一朝一夕就能养成或提高的。

法国著名的古生物学者乔治·居维叶说过："天才，首先是注意力。"保持良好的注意力，是大脑进行感知活动、记忆训练、思维认知的基本条件。而缺乏注意力，则常常会给我们的工作和学习带来很多困扰。

可以说，在我们的日常生活中，专注力是我们的心灵通往外界的一扇非常重要的窗户。窗户开得越大，我们所能学到的东西就越多，我们的眼界也就越开阔。相反，如果我们做事情的时候总是注意力涣散或者精神无法集中，那么我们心灵的窗户就会慢慢关闭，久而久之，有用的信息将无法进入我们的大脑，也就无法获得新的知识。

一般情况下，专注力会让我们的心理活动聚焦于某一个事物，并且选择性地接受某一部分信息，从而拒绝接受其他信息，集中我们头脑和身体的全部的能量用于所指向的事物。因此，专注力越强越能够提高我们的工作效率与学习效率。

缺乏专注力则表现为我们很难将内心的活动指向某一个具体事物，或无法将自己的精力聚焦到这一个事物上来，同时无法控制自己对其他次要事物的注意。

为什么会出现这种情况呢？据有关专家调查研究显示，这很可能与成长经历和生活环境有很大的关系，并且一些严重的心理障碍或者心理疾病也是引起专注力下降的原因。

在科技飞速发展的现代社会，人们的专注力正在被手机、电脑以及其他媒介所占据和蚕食。有研究人员曾做过一项关于手机使用频率的调查，调查结果显示，iPhone 用户每天平均解锁手机八十次。除去睡觉的八个小时，他们平均十二分钟解锁一次手机。

可以想见，我们的注意力如果被频繁地切断，他人就不会太相信他能专注于工作。基于我们的日常经验可知，一个成年人如果缺乏专注力，很可能会影响他的工作效率，甚至使其在工作中出现严重的错误。比如计算数据时频繁出错、商业谈判时心不在焉，从而给所在公司带来巨大的经济损失。

然而，专注力不只影响工作。作为学生来说，缺乏专注力对于学业的影响也是巨大的。

很多学生在考试之前往往会出现失眠、精神涣散等现象，这在很大程度上是因为学习负担过重、心理压力过大导致的精神高度紧张和情绪上的过分焦虑。另外，睡眠不足，疲劳的大脑得不到充分的休息，也会使人在第二天出现注意力涣散、萎靡不振的情况。

随着社会经济的发展和互联网技术的进步，很多学生在很小的时候就已经拥有手机。只有少部分人才会用它来学习，更多的人则是使用手机来听歌、打游戏或者看电视剧……据调查，由于家长的放任管理态度，导致 2010 年以后出生的大多数儿童，从小就经常使用手机。当这些孩子在学习的过程中感到枯燥无味时，很容易会想到用手机或者电脑放松精神、寻求愉悦。长此以往，他们的注意力就很难保持集中。保持专注力需要克服一些困难，如果一个学生在遇到学业困难时选择逃避，转而拿起手机寻求快感，那么他就不太可能会具备集中注意力坚持学习、主动克服困难的能力。

《庄子》一书中记载着这样一则故事：

一天，孔子带着弟子去楚国。路上经过一片树林，树林中有个驼背的老人正在用竹竿粘蝉。这位老人粘蝉粘得非常轻松，一粘就是一个，好像是在地上捡蝉一样。看到的人都十分惊讶。

于是，孔子问那位驼背老人："您的动作真是灵巧啊！一定有什么妙招吧！"

驼背老人回答说："我确实有自己的办法。这一年，我花费了五六个月的时间练习捕蝉技术，并且在练习中发现，如果能做到在竿头放上两个弹丸而不掉下来，那么粘蝉时就会很少失手；如果能稳定地放上三个弹丸，蝉逃脱的概率大概只有十分之一；而如果能稳定地放上五个弹丸，粘蝉时就会像直接在地上拾取那般容易了。我聚精会神稳稳地站直身体，举竿的手臂一动不动。虽然天地广阔，什么事物都存在，但我只专注于蝉的翅膀，不会把精力分散到别的事物上，这样怎么会不成功呢？"

孔子听完驼背老人的话后，语重心长地对弟子说："我们在做事情的时候，要专心致志，这样什么本领都能够掌握好了。这就是驼背老人教给我们的道理。"

不单单是人类社会，动物世界中也有很多"专心致志"的故事：

有这样的一组镜头被美国的一位生物学家捕捉到，让看到的人都大呼精彩：

天空中，一只棕色的小鸟扑扇着它的翅膀，在空中盘旋了一阵后，它落在沙地上准备吃沙土里的虫子。突然，一条暗暗躲藏在沙地里的蛇蹿了出来，眼看就要咬上小鸟的身体。可似乎就在转瞬之间，那只小鸟用自己的爪子一下又一下地拍击起那条蛇的头部。

但是由于小鸟太过于弱小，自身力量有限，那条蛇的进攻依然很迅猛。在很长一段时间内，小鸟一边躲闪着蛇吐出来的芯子，一边用爪子使劲拍打着蛇的头部，并且始终找准一个位置。在小鸟拍击了一千多次后，之前精力旺盛的蛇终于显露出了疲态，最后竟然无力地瘫倒在了沙地上，再也起不来了。

那位生物学家对这一转变很是吃惊，本以为弱小的小鸟会葬身蛇腹，万万没有想到最后竟然峰回路转，战胜了强敌。对此，生物学家得出的解释就是，这种小鸟根据以往的经验积累，掌握了一套独特且有效的对付蛇的办法，那就是对准蛇头部的一个点，集中精神用尽全力去击打，一刻不能松懈，否则将会葬身蛇腹。

可以说，专注是我们成功的基石。西方有句谚语："专注是金。"一个人能力的大小、是否能够获得成功，与他是否能够具有持久的专注力有很大的关系，而并不完全在于他拥有多么专业的知识。

成功学大师卡耐基曾经说过："成功的奥妙在于，将所有的思想、精力、资金都投入到一件事情里去。"曾经，有个读书人为了增强自己的专注力，经常到街市上去读书。在人来人往的闹市中，他拿着书本入神地读着，丝毫不受外界环境的干扰。经过一段时间的练习，他的专心和耐心都得到了很大程度的提升，慢慢地养成了虽然身处闹市但依旧能心静如水、专心致志地读书的能力。

成功的道路离不开专注

美国成功学励志专家拿破仑·希尔说过："专注是人生成功的神奇钥匙。"

相信很多人都看过《阿甘正传》这部经典的电影，并且很难不为阿甘的精神而感动落泪。

这部电影讲述的故事看似很平凡，但是在阿甘平凡的人生中我们却能够感受到不一样的伟大。故事的主人公阿甘是个先天智力低下的孩子，但是在他的成长过程中母亲教会了他不要放弃自己，并且告诉他，他与别人并没有什么不同。于是，他开始用带着支架的腿认真走路，为了躲避别人的欺侮开始奔跑。就这样，他一路跑上了大学，还在战争中奋不顾身地救下了几名战友并获得美国总统亲自颁发的军队最高奖项——国会荣誉勋章。战争结束后，阿甘凭借着闲暇时习得的乒乓球技术崭露头角，随后又买下渔船打鱼、捕虾，最终成了富翁。

为什么这样一个智力低下、没有背景的普通人能够获得如此高的成就呢？这在很大程度上与阿甘专注执着的精神是分不开的。电影中的阿甘无论做什么事情，都能一心一意，全力以赴。

电影中有这样一段情节至今让人记忆犹新：

有一天，阿甘在军营里边拆装机枪，他的速度非常之快，测试官还没巡视完一圈，他就已经把机枪装好了。测试官看到他在如此短的时间里装好了机枪简直难以置信。

测试官问道："阿甘，你怎么装得这么快？"

阿甘看着测试官回答道："我都是按照您的吩咐做的，长官。"

测试官又说："你可真是太聪明了，如果在军校里你可以去当将军。现在，你把它拆了重新再装一遍。"

阿甘大声地回答道："是的，长官。"

于是，阿甘又拆装了一遍。

也许有人会说阿甘之所以会成功是因为得到了幸运之神的眷顾，但事实是否如此呢？不可否认的是，他或多或少是有那么一点幸运，但是，在阿甘的人生历程中，在他每一次执着的行动中，我们看到的更多的是"专注"二字。也许，像阿甘这样简单纯净的人才是最有力量的，他不受外界事物的干扰，一心只做认定的事情。心中的烦恼越少，精力才会越集中，这样才不会被其他事物诱惑，认定了目标就会义无反顾，勇往直前。

在战地医院里，其他人打乒乓球只是为了消磨时间，而阿甘则是因为喜欢打乒乓球而不知疲倦地练习，有时他在梦中都在打球。像这样一门心思地去做一件事，心无旁骛地坚持，怎能不成功呢？大概就是这种单纯的专注让阿甘在自己的旅途中走出了不一样的精彩吧。

有句话说得好："凡专精于一艺，必有动人之处。"

在全球众多企业中，我们可以发现，很多企业在几十年中都在坚持从事一个领域，专注地做一件事情。比如世界零售业的龙头沃尔玛，自1962年成立以来，自始至终都只做零售，曾经连续五年在美国《财富》杂志"世界五百强企业"中居首位。发展至今，沃尔玛公司已经在世界上的十五个国家开设了八千五百家门店。再比如，世界知名的汽车制造商——美国通用汽车公司，在一百多年的时间里只专注于做汽车与配件，旗下的多个品牌车型畅销全球，赢得了顾客的口碑与赞誉。

由此可见，无论是一个人，还是一个企业，甚至是一个国家，都离不开这种专注的精神。我们的精力、时间和财富等资源都是有限的，如果用有限的资源去追逐更多的目标，那么就很容易落得竹篮打水一场空的结局，最后只能是一事无成。只有专心地做一件事，才更容易获得成功。一个人如果能一辈子脚踏实地用心做好一件事，就已经很了不起了。

古时候有一个国家，宰相的职位一直空缺，国王想找一个有才能的人担任宰相。后来有大臣举荐了一位年轻人，国王为了考验这个人就让他把一个装满油的盘子从城东拿到城西，其间不准洒出一滴油，否则就要杀了他。国王的这个考验非常困难，因为从城东到城西的大街小巷上，人来人往。

这个年轻人端着盘子一丝一毫也不敢怠慢，他的父母和妻子怕他完不成国王的要求而被杀头，就在路边哭了起来，而他却当作没有看见，端着盘子继续往前走。走了一会儿，又有人冲他打招呼，他还是当作没有看见。走到一半的时候，街边突然窜出来一个疯子，满街乱爬吓得街上的人群四处躲避，而这个年轻人依旧端着盘子往前走，丝毫没有受到影响。就在他快走到城西的时候，突然听到敲锣打鼓的声音，原来是一间店铺失了火，街上的人群顿时骚乱起来，人们纷纷跑去灭火。这个年轻人一边躲避着身边人的撞击，一边护着手中的盘子，仍然专心致志地往前走。最后，他到达了目的地，并且没有让一滴油洒出来。

于是，国王履行了承诺，让这个年轻人做了宰相。国王认为，如果一个人做事能够这样专心致志，就算是高山也能铲平，何况其他事情呢。

著名作家西塞罗曾经说过："任凭怎么脆弱的人，只要把全部的精力倾注在唯一的目的上，必能有所成就。"

据说金融家巴菲特和企业家比尔·盖茨第一次见面的时候，两人相谈甚欢。在吃晚餐的时候，比尔·盖茨的父亲问了他们一个问题："人的一生中最重要的是什么？"巴菲特回答道："我的答案是'专注'。"而比尔·盖茨的答案也和巴菲特一样！

或许这就是成功人士的经验信条。苹果公司联合创始人乔布斯在接受《商业周刊》采访时也说过："专注和简单一直是我的秘诀。简单比复杂更难：你必须费尽心思，让你的思想更单纯，让你的产品更简单。但是这么做最后很有价值，因为你一旦实现了目标，就可以撼动大山。"而苹果公司现任首席执行官库克说自己从乔布斯身上学到了很多东西，其中有一项就是：专注。他表示："乔布斯笃信简洁而不是繁复，没人知道电子产品可以做成这样，直到乔布斯把它拿出来。"

比尔·盖茨、巴菲特和乔布斯可以说是非常富有的三个人，他们的成功秘诀值得我们学习。在通往成功的道路上，"专注"二字是他们共同的选择。比尔·盖茨在十三岁时就已经在软件编程方面展现出了非凡的才华。在之后的创业道路上，他一直专注于软件开发这一领域，直到创立了微软公司，并且把它做成了世界最大的软件公司。巴菲特一生可以说只专注于做投资，并且涉及的大部分都是他熟悉的领域，对自己不熟悉或者没有进行过深入考察的领域绝不贸然进行投资，哪怕其他投资人极力推荐，他也不会盲目参与。当影视行业快速发展的时候，很多投资人都对其十分看好并且跟风投资赚了个盆满钵满，但巴菲特却不为所动，仍然只专注于自己熟悉的领域。当影视股泡沫破灭的时候，很多人都赔得血本无归，他却不受影响，继续保持骄人的成绩。而乔布斯也同样秉持着专注的理念，集中精力开发自己的产品，从而生产出了引领当代潮流的产品：苹果电脑和苹果手机等。

专注是我们取得成功的关键因素。一辈子能够用心做好一件事看似简单，但真正做得到、做得好的又有几人呢？所谓专注，就是让我们把注意力集中到某项事物上面，不被外界事物干扰，让自身与所关注的事物融为一体。如果能做到这点，就可以减少很多不必要的焦虑，从而高效扎实地掌握更多的经验和扎实的专业基本功。

专注有时很简单，只要把精力都放在一件事情上，心无旁骛地去完成就可以；专注有时也很难，因为很少有人能够长年累月地专注于一件事情，我们可能会经历许多困难和失败的考验。

专注力不是与生俱来的

著名的心理学家米哈里·契克森米哈赖提出的"心流"理论显示：当你全神贯注地做某件事情时，将感受不到时间的流逝，从而达到一种忘我的境界，在这个过程中，精神会得到满足，并且拥有前所未有的幸福感。

获得专注力最简单的做法就是，找到你所喜欢的事物，做使你感兴趣的事情。无论是工作还是学习，只有找到你真正热爱的事情，知道自己为什么而做，才能更为持久地获得专注力。

在训练专注力的过程中，我们可能不会那么轻松，因此，当我们达成了一个阶段性的小目标时，不妨给自己一些奖励。比如，当你坚持一小时认真工作、学习，不看手机，可以奖励自己一些喜欢的零食，或者听听音乐休息二十分钟，放松一下。就算我们没有达成这个目标也不要自暴自弃，休息几分钟重新再来，每一次都比上一次多专注五分钟，专注力就会慢慢建立起来。

专注力的训练是一个持续的过程，但重点不在于你能坚持一个小时还是两个小时，而在于在集中注意力的这段时间内，不随意切换任务。一会儿工作，一会儿玩手机，注意力的反复转变是最不可取的，会直接对你的专注力造成损伤。

当一个人做一件自己喜欢的事情时，他的内心一定是平和安宁的。有句话说得好"由静入定，由定入慧"，慢慢地就会进入专注的精神状态。而当这种专注状态被打断时，他的大脑就会产生一定的负面刺激，从而影响其精神状态。

有调查显示，如果我们的注意力长期被打断或者分散，那么大脑就会启动与当前所做的事情无关的一些功能进行应对处理。那么，如何判断一个人能否精神集中呢？很多人在年幼时都会做这样一个测试：医生会告诉你专注地盯着前方的某一个物体，然后再在你周围制造出一些声响或者亮光，如果你的目光总是随着这些响动变化，那么就证明你的专注力不是很好。

在如今的快节奏生活中，人们似乎很崇尚利用碎片化的时间来完成一些工作或者做一些事情。但是，这其中却隐藏着一个鲜为人知的问题。在乘坐电梯或者排队买东西的几分钟内，很多人都会拿出手机发条微信、看看微博、阅读一下新闻，这看似是在充分利用时间，但实际上却会重新编排大脑的功能，久而久之就会让人很难专注于一件事情。比如在工作中，总想着拿出手机来看一看。正是这样频繁地切换注意力，使得人们的专注力逐渐下降，精神也越来越不集中。

正如法国著名思想家罗曼·罗兰所说："生活最沉重的负担不是工作，而是无聊。"碎片化地利用时间，不仅不会提高工作效率，反而还会消磨专注力，从而拖延工作进度。事实上，纵观古今，凡是能够成就大业者，往往都会在某一领域仔细钻研，从而成为翘楚。

专注力是一种习惯，需要我们从小培养，很多孩子长大成人后在学习和工作中缺乏自制力和耐心就是因为在年幼时缺少对专注力的训练。因此，这就更需要家长们多多关注孩子专注力的培养，让孩子从小树立保持专注的意识。

专注力不足的孩子往往具有一些共同的特征，我们大致可以总结出以下三种：

第一种，精神不能集中

这种特征在孩子中最为普遍，主要因为专注力不足。由于年龄的原因，儿童还不能完全控制自己的注意力，很容易因为外界的刺激而分散精神。并且，在做功课或是进行其他活动的时候经常会因为粗心大意而犯错，很难按照大人的期待去完成要做的事情。当别人和他们交流的时候，孩子经常表现得心不在焉。此外对于不喜欢的事情他们会表现出明显的抗拒状态。

第二种，运动过剩

很多家长可能会发现，一些专注力差的小朋友会经常动来动去，无论是坐着还是站立，常常会不知不觉地玩手或者东摇西晃，不断地扭动身体。比如在幼儿园上课时，别的小朋友都能安安静静、规规矩矩地坐好，但总有那么一两个孩子根本坐不住，他们会不时地想要离开椅子站起来。有一些孩子还会表现出不良的行为习惯，比如摇头晃脑、眨眼睛、啃指甲等。这些都要引起家长们的重视，如果不从小培养孩子的专注力，长大之后这些不良习惯可能会伴随一生。

第三种，容易产生冲动行为

冲动行为表现为一个人对自己的某种行为不能限制，甚至完全不能加以控制。具有冲动行为的儿童常常不等老师说完问题，就抢着说出答案，或者是在别人讲话时急于表达自己的观点而生硬地打断别人的谈话。在集体活动中，他们往往会非常特立独行，不能很好地和大家融为一体。

我们都知道专注力对孩子的成长是十分重要的，学习环境、兴趣爱好、成就反馈等都会对专注力的培养产生一定的影响。那么，导致儿童专注力缺失的主要原因是什么呢？

首先，有可能是生理条件失调导致的。

有研究表明，感统失调①表现为人的感官过于敏感或者过于迟钝。当发生视觉或听觉变化时，感官过于敏感的孩子会非常容易被外在其他不重要的影像或声音所干扰，如果是在课堂上，就很容易忽略掉老师的声音或者是黑板上所写的字。与之相反的是，如果感官过于迟钝就会对声音或者图像刺激不敏感，这样一来，小朋友就容易出现听或看不清楚，漏掉或接收到错误的信息的情况。

而当小孩子呈现出好动、坐不住的情况时，很可能是前庭系统②或反射神经失调造成的。在前庭系统不健全的状态下，人的肌肉张力会出现明显的不足，很容易感觉到

---

① 感统全称感觉统合。感觉统合失调即大脑功能失调的一种。
② 内耳管理头部平衡运动的"装置"。

疲倦，孩子就会无法保持一定时间的坐姿或者站姿，从而导致注意力涣散。

其次，可能是心理条件失调导致。

随着时代的变化和发展，心理问题越来越被人们所重视。心理失衡导致的问题表现在很多方面，有的可能不是短时间就能看得到的，但是随着时间的流逝，总会在某一刻爆发出来，因此必须要引起重视。

父母关系不和谐、家庭成员之间存在暴力倾向等紧张的家庭氛围，会导致孩子处于忧虑或缺乏安全感的状态中，从而分散精力，影响专注力。

此外，如果孩子对事物缺乏兴趣，就会表现出心不在焉的现象，那么在做事时，专注力自然会差。有些家长对孩子抱有过度的期待，望子成龙，望女成凤，孩子明明想要玩游戏、坐滑梯，而父母却为孩子在课余时间报满了音乐班、美术班等培训课，担心孩子输在起跑线上。而孩子面对不感兴趣的东西，自然无法集中注意力，学习效率也自然很差。

最后，注意力缺失的孩子自我控制能力和自我管理能力相对弱一些，造成这个问题的主要原因是大脑中的特定区域的脑神经发育得不是很完善，从而导致神经系统兴奋和抑制发展的不平衡。其中儿童多动症是最为典型的例子，常见的表现为注意力不集中、注意时间短暂、活动过度等，常伴有学习困难、适应不良等问题。很多患有多动症的孩子，即使面对自己感兴趣的事情也无法集中注意力。

从简单到极致的秘诀

有人说过这样一句话："不是一件事改变了一个人的一生，而是一个人做了一件事而改变了自己的一生。"我们这一生要经历太多的事，面对的诱惑也是千千万万，只有不忘初心，把一件事做到极致，才能走向成功；而那些三心二意的人，很难创出一片属于自己的天地。

法国著名昆虫学家法布尔，一生只做了一件事，而这件事却让他享誉世界，一百多年以后仍然被人们铭记于心——这件事就是研究昆虫。

一天，有一位青年苦恼地请教法布尔："我每天都很辛苦地把自己的全部精力花费在我喜欢的事业上，但是却总是感觉没得到什么回报。"法布尔听了他的话先是称赞他是一位勇敢地投身于科学，并且十分执着的有志青年。听了法布尔的夸奖，这位青年十分激动地说道："是啊，我不仅喜欢研究科学，还钟爱音乐，另外，绘画和文学也让我很感兴趣。

我一刻不落地几乎把自己所有的时间都用在这些爱好上了。"法布尔听罢立刻明白了这个青年的问题所在。他从衣服的口袋里拿出一面放大镜，让阳光聚焦在放大镜的一个点上，然后对青年说："你不妨试着像这面放大镜一样，把你的精力集中到一件事情上，相信你会有所成效。"青年听完法布尔的话，顿时恍然大悟，原来精力过于分散是他一事无成的主要原因。而法布尔正是把自己有限的时间和精力都集中在了研究昆虫上，所以才在昆虫学方面取得了前所未有的成就。

很多时候，我们总是不能专注地做一件事，但要知道心无旁骛，持之以恒，一辈子用心做好一件事，是极为难得的！

一个人想要成功，就必须保持专注。能够把一件看似简单的事做到极致，非常不易。

保持专注，你才能看到不一样的自己，取得非凡的成就。

曲晓兰是一名心理咨询师，有一次，她接到了企业白领李伊岚的咨询电话。在电话中，李伊岚跟她讲述了自己的困惑："我感觉自己做事情总是半途而废，好像自己除了年龄在增长，其他都一无是处。这让我十分困扰，工作也变得消极了起来。"

听了这番话，曲晓兰连忙问她发生了什么事情，为什么会有这种想法。

李伊岚回答道："我为了充实自己的生活，想趁着年轻让自己多学习一些技能，给自己报了英语培训班、艺术绘画班和钢琴课。每天下班回家，还要去健身房锻炼一个小时，增强体质，但是由于课程时间实在太紧张一周只能去一两次。有时候晚上下课时间比较晚，导致睡眠时间减少，白天上班的时候精神不集中，已经被领导批评了好几次了。而我上了两个月的课之后好像也没有什么进步，所以感到很困扰。"

曲晓兰听了登时惊得睁大了眼睛，说道："你每天要做这么多事情，很容易分散精力，因为你要顾及的事情太多了，最后的结果就是哪一件都做不好。"

李伊岚一边叹气一边说道："我也知道精力有限，这样下去不仅工作做不好，其他事情也无法兼顾，那要怎样做才好呢？"

曲晓兰笑着说："你要知道，人生在世，有舍才有得。你的问题在于想要的太多，如果你能舍去几个项目，在你的能力和精力范围内只留下一件事，把这一件事做好，再做其他的事情，很快就能看到成效。"

李伊岚听完，顿时恍然大悟：原来专注一件事才是最难得的。

其实，很多人之所以没办法保持专注，是因为过分关注外界，为自己制造不必要的焦虑。我们每天都能从网络上看到各种关于成功的新闻，而自己总是自怨自艾。曾经有一篇名为《你的同龄人，正在抛弃你》的文章刷爆网络，许多人看后不免大呼焦虑，同样的年纪，别人在事业上风生水起，而自己还为了每天的房贷、房租殚精竭虑。

但是，这样的惶恐不安真的有必要吗？无数的实践经验告诉我们，越是焦虑，就越没有办法把事情做好、做到极致。其实，能够把一件简单的事做到极致，就意味着超越了许多人。

每天的工作已经占据了我们生活的大部分时间，业余时间应该留给我们充实自己的同时感受快乐，而不应该陷在焦虑的氛围中手忙脚乱。每天想着如何快速成功，最终成功会离我们越来越遥远。事情要一件一件做，不积跬步无以至千里。人的精力始终是有限的，不够专注、一心二用甚至三用的人，是很难把事情做好的。

我国著名教育学家蔡元培曾经说过："唯有专心致志，把心力集中在学问上，才能事半功倍。"

著名的科学家玛丽·居里在很小的时候就非常爱好学习，不管身边的人怎么吵闹、周围的环境多么杂乱，都很难分散她的注意力。

一天，玛丽正在家里认真地做功课，她的姐姐和同学在她旁边又是唱歌，又是跳舞，玩得不亦乐乎。然而，玛丽就好像没看见她们一样，依旧在一旁专心地看书。

姐姐和同学看她不为所动，想试探她一下，看她是否真的那么认真专注。她们悄悄地在玛丽身后搭起几张凳子，只要她一动，凳子就会因为晃动而掉下来。然而，让她们失望的是，时间不知不觉地过去了，玛丽读完了一本又一本的书，却丝毫没有动，凳子仍然立在她的身后。从此姐姐和同学再也不怀疑和试探她了，并向她学习这种专注的精神，也开始认真学习起来。

聪明的人可能有很多，但是能够专注地做事的人却少之又少，能取得成就的也许不一定是非常聪明的人，但是拥有专注力的人却很少有不成功的。虽然一个人的专注力是有限的，但是只要我们肯沉下心努力做事，就一定会有所收获。

其实，越是那些了不起的人，越是懂得保持专注的重要性。莱特兄弟为了让飞机飞向天空，一辈子都没有结婚。他们幽默地说："我们没有时间既照顾飞机，又照顾妻子，一生只能做好一件事。"这些行为在他们的身上很好地体现了"专注"和"用心"这两个词。

相信大家都听过"废寝忘食"这个成语吧，但是很少有人知道它背后还有这样一段故事。

春秋时期，孔子带领他的学生们周游列国。在他六十四岁那年，他们一行人来到楚国沈诸梁的封地叶邑（今河南叶县附近）。楚国令尹、司马沈诸梁很欣赏孔子，于是热情地接待了他们。

沈诸梁虽然久仰孔子的大名，但他也只知道孔子是个非常有名的思想家，并且教出了很多贤能的弟子，于是便希望了解一下孔子。沈诸梁就向孔子的学生子路询问孔子为人如何。子路是孔子的得意门生，虽然在孔子门下学习多年，却一时不知如何作答，就没有说话。

后来，孔子得知了这件事情，便对子路说："为什么你不这样回答呢？说'孔子这个人努力学习而不感到厌倦，甚至到了忘记吃饭的地步；乐于授业传道从来不担心深陷贫穷困苦之中；能够自强不息，甚至于都忘记了自己的年龄'。"

孔子的话，显示出他远大的理想抱负，生活充实，精神富足。而孔子的一生也确实如他所说，为人师表，弟子三千，其思想对中国和世界都有着深远的影响。

这就是孔子废寝忘食的故事。梁启超说过："无专精则不能成，无涉猎则不能通也。"真正有能力的人，都能够保持专注，创造自己的独特价值。

第二章

不要让缺乏专注力成为你的绊脚石

人才和庸才的差距往往在于专注力

国外的一项研究报告证实：其实 98% 的人智商都是差不多的，只有 1% 的人智商极高，也只有 1% 的人智商很低。那为何在大部分智商差不多的人中会出现考试成绩相差悬殊、工作能力参差不齐的现象呢？其实，最主要的原因就是专注力的差别。注意力不集中的人无法持续地学习与工作，最后自然呈现出了不同的结果。

比如，学习比较差的孩子，往往有一个通病就是不能够集中注意力。时间长了之后，他们和那些成绩优秀的孩子之间就会显现出差距，并且这种差距会随着课程的难度增加而不断加大，因为他们无法把足够的精力投放在吸收知识和思考问题上。

很多经验都告诉我们，专注力会影响到思维的广度和深度，没有良好的专注力作为基础，就很难有过人的思维能力。

著名物理学家爱因斯坦曾经说过："并不是说我有多聪明，我只是对问题思考得更久而已。"爱因斯坦是公认的

20世纪伟大的科学家，同时也是世界上最具有创造力的科学家之一。可以说他是公认的天才，然而他却不认为自己的智商比别的人高，他的成就在于他能够比其他人更加专注地思考。

爱因斯坦不但在物理学领域取得了非凡的成就，同时还是科学家、哲学家和数学家。爱因斯坦在幼年时就展现出了与众不同的地方，他学会说话的时间比其他同龄人要晚，并且他说话的方式也和别人很不一样。一般人说话都是直接说出自己的想法，但是爱因斯坦总是先在头脑中勾勒出图像，再陈述图像上的内容。所以每次他说话都比别人慢半拍，于是同学和老师都认为他的反应迟钝，经常取笑他。

然而，爱因斯坦真的比其他人笨吗？这个答案在几十年之后不言而喻，在得到了诺贝尔奖之后，相信没人敢说他不聪明、智商低。正如爱因斯坦所说，他的成就主要源于专注地思考。

熟悉爱因斯坦的人都知道，他是如何进入数学领域并且钻研一生的。爱因斯坦的叔叔曾经给过他一本关于"欧几里得平面几何"的书籍，这本书深深地吸引着爱因斯坦，并且让他爱上了数学。从此，年幼的爱因斯坦开始专心研究数学知识，以至于小学时就看起了大学的微积分课程。在学校里经常可以看到这样的景象：别的同学在下课时都跑到教室外边玩乐嬉戏，而爱因斯坦却在教室里安安静静地画一些其他同学看不懂的几何图形，这个习惯一直持续到他上大学。

在大学时期，爱因斯坦选择了物理学，并且依旧利用一切时间专心致志地搞研究。他的生活一度十分窘迫，有时候一顿饱饭也吃不到，但是他仍然坚持埋首学习。有时候由于思考得过于深入，太过专注，以至于连饥饿都感觉不到了，直到把问题研究透彻了，他才缓过神来意识到肚子已经咕咕叫了。有研究人员称，爱因斯坦的专注力极强，他的大脑只需要十几分钟就可以进入深度的忘我状态，进入那个只有数字和他自己的世界。这大概就是专注的极致境界。

爱因斯坦在1905年发表了多篇对学术具有重大意义的论文，在当时震惊了整个物理学界。很多人都认为这样一名超于常人的学者至少是个资深教授。

便去大学内寻找爱因斯坦，却没有找到他的踪迹。后来，终于有人多方打听后得知，爱因斯坦在瑞士伯尔尼的专利局里。这个人到了专利局后，看到了一个蓬头垢面的研究人员，便上前询问："你知道爱因斯坦吗？他在这里吗？"那人平静地说："我就是爱因斯坦。"这个回答让前来拜访的人十分惊讶，但是他转念一想又觉得理所应当。也只有这样一位不把精力分散在无聊的修饰和交际上的人，才能有足够的精力和时间去做研究，成为举世瞩目的科学家。

有些人整日在外忙碌、奔波，看似是在努力地学习和工作，却很少做到专心致志、全神贯注。其实大部分的时间都被浪费了。有时候繁忙只是自欺欺人的借口，漫无目的、心不在焉的努力不过是在消磨时间罢了。做事时只有投入百分之一百的专注，努力才能发挥效用，也只有在这个时候，努力所带来的"复利"会随着时间的积累而逐渐增值。

工作时拖拖拉拉，任由时间白白浪费；思考时坐不住，写一会儿作业就想看电视、玩手机；自己制订的计划不能坚持到底，随心所欲地改换目标……这些都是缺乏专注力的表现。这样缺乏专注力的人是很难成为人才，并且在专业领域取得好成绩的。

相信很多人都听说过东晋大书法家王羲之吃墨的故事，我们在觉得好笑的同时却不得不为王羲之专注的精神所震撼。

王羲之在年幼时，练字十分刻苦。据说他练字时用坏的毛笔堆在一起能成一座小山，人们管它叫"笔山"。王羲之家旁边有一个小水池，每次练完字，他都在这个水池里洗毛笔和砚台，日复一日，小水池里的水都变成墨色的了。于是，人们就把这个小水池叫作"墨池"。

王羲之长大以后，虽然字已经写得非常好了，但他还是坚持每天练字。一天，他正在书房里聚精会神地练字，丫鬟见他没有吃饭，就给他送来了他最喜欢吃的蒜泥和馍馍，让他休息一下，先吃点东西。但是王羲之太过于专注，好像没有听见一样，依旧继续埋头写字。丫鬟不知如何是好，只好把这件事告诉了他的夫人。等到王羲之的夫人和丫鬟到达书房门口的时候，竟然看见王羲之正盯着写字的纸张，手里拿着一个满是墨汁的馍馍不自知地就送进了嘴里，登时弄得一嘴乌黑。

见此情景，她们都忍不住笑了起来。原来，由于太过于专注，王羲之一边吃馍馍，一边练字，竟然错把墨汁当成了蒜泥。夫人看他如此用功，便对王羲之说："你要注意身体呀！你的字已经写得那么好了，为什么还要辛苦地练习呢？"王羲之抬起头回答道："虽然很多人都说我已经写得不错了，但那都是效仿前人的写法。我要创造出自己的书法，自成一体，那就不能不下苦功夫呀。"

无独有偶，古今中外凡是有所成就的人，其专注精神都是过于常人的，英国著名的物理学家牛顿也是如此，经常为了研究而废寝忘食。

牛顿在天赋方面并没有明显的过人之处，那么他为什么可以成为举世闻名的物理学家呢？其中的一个重要原因是他在学习时特别勤奋，每一次研究都十分认真，其专心的程度可以说已经到了入迷的地步。

　　为了对自己的理论进行研究和证实，他常常一连几天都待在实验室里，直到自己完成实验。一次，他因为太过专注于研究实验，竟然把手表当成鸡蛋放进锅里去煮。还有一次，牛顿的朋友来看他。到了吃饭的时间，牛顿把饭菜摆到桌上后，竟然又一头钻进了实验室。朋友很是奇怪，等了他很久都不见他出来，还以为他有很重要的研究，就自己先吃了起来。吃完饭后牛顿依旧没有出来，于是，这位朋友没有告辞便离开了。等到牛顿终于做完了实验走出来，看到桌上吃剩了饭菜的碗碟，恍然大悟地笑了起来："我还以为自己没吃饭呢，原来已经吃过了呀！"说着就又回到了实验室里。

让专注力搭建人际关系的桥梁

专注力差不仅会严重影响我们的学业和工作，也可能会为人际交往带来负面影响。有研究发现，注意力不集中的人与善于集中注意力的人相比，情绪容易不稳定，他们往往冲动任性，更加容易因为一点小事情与人发生冲突。同时，注意力不集中的人，自控能力也比较差，对人际关系疏于维持，从而使自己和家人、朋友、同事之间的关系疏远冷漠。

因此，如果想有良好的人际关系，受到他人的欢迎，就不能忽视专注力的作用。一个人要想人缘好，首先要看到自己身上的优点，懂得欣赏自己的优点才能看到别人身上的优点。这种习惯性的投射会让你的眼中充满友善，注意到他人的可取之处，彼此之间形成良性的互动。如此一来，双方都会把注意力放在好的一面上，互相欣赏对方，视彼此为榜样，为顺利沟通和和平交流搭建一座友好的桥梁。

相反，如果我们总是把注意力放在自己和他人的缺点上，那么就很难保持长久的友谊，甚至因为一点点小事就彼此看不顺眼，把对方的不足之处拿出来讽刺和责骂，以至于最终由朋友变为敌人。有些人总是对身边的人充满敌意，觉得自己不如别人优秀，在心里嫉妒甚至怨恨别人。这在很大程度上是因为看不到自己比别人优秀的地方，因此总是自卑心理作祟。其实每个人都有自己的长处，都有让别人羡慕的地方，实在不必妄自菲薄。

学会把注意力放在自己的优点上也是对自我的一种肯定。这就好比建造一栋高楼的地基，只有地基稳固，楼层才能越建越高。我们只有认识到自己的优点才能看到他人身上的闪光点，进而才能维系人际关系的和睦。

其次，在与初识者交往的时候，一定要投入百分之百的注意力去关注对方。这会让对方觉得你非常尊重他，而不是怠慢轻视他。要知道，一个动作或者眼神往往比说一百句恭维的话更有用处。给对方一个亲切的微笑，谈话时把整个身体转向他，目光都集中在他身上，这表示你在大声地对他说："我觉得你非常非常重要。"

　　道格拉斯是一家汽车销售公司的员工，有一天，公司来了一位挑剔的顾客。道格拉斯热情地向那位

顾客介绍了一款新车，并且非常详细地为客人介绍
了车子的性能、优点。这位客人很满意道格拉斯的
推荐，准备去办理购车手续。就在道格拉斯带着那
位顾客去收款台办理手续的路上，那位顾客与道格
拉斯边走边聊天，但是说着说着，他的脸色却越来
越难看，以至于还没走到收银台，就告诉道格拉斯
这款车不买了。道格拉斯很是生气，但是又不能表
现出来，他不知道为什么眼看就要成交的生意却这
样失败了，只好说："刚才您不是已经决定好了吗，
怎么又突然不买了？"那位客人说道："刚才我决定
买车是因为你的服务很热情，专业知识也很全面，
并且感觉到了你对我的尊重，但是现在很遗憾，你
刚刚并没有在认真听我讲话。"

道格拉斯很奇怪自己到底哪里做得不对，尽管他
把整件事情的来龙去脉想了一遍，却还是毫无头绪。
他回忆着自己所说过的每一句话，觉得自己没有说错
什么，也没有做过什么动作冒犯到了那位顾客。最后
实在是百思不得其解，于是他第二天便诚恳地给那
位顾客打了电话，询问原因。

那位顾客告诉他："在我们去收款台的路上，我

告诉你我的儿子即将进入华盛顿大学就读，我还跟你说到他非常喜欢航拍和他的志向，我为他感到骄傲。可是你根本没认真听我说这些话，只顾打断我、催促我去付款，根本不在意我说的是什么。我不愿意从一个不尊重我的人手里买东西！"

道格拉斯这才恍然大悟，原来那位顾客之所以来买车是为了奖励儿子考上了名牌大学，他们全家都为儿子感到自豪。客人多次提到了自己的儿子，但是道格拉斯并没有关注顾客在讲什么，这才引起了顾客的不高兴。从这件事之后，道格拉斯意识到了要想给顾客留下好印象，搭建与顾客之间的桥梁，光靠嘴说是不行的，还要认真倾听和理解顾客的需求，这次的事件也给他上了生动的一课。

在人际交流时，人们往往不会刻意记住你说了什么，但是却会记住与你交流过程中的感受。因此，在与他人的交往中，我们千万要注意不要把过多的注意力放在自己想要表达的内容上，而是要多多关注一下对方的情绪以及交流时的氛围，并且随着对方情绪的变化适时地调整自己所说的内容和说话时的语气态度等。

　　在生活中，我们都喜欢与相处得很舒服的人一起聊天。无论是恋人还是朋友，领导或是同事，彼此之间的尊重都是必不可少的。即使对方不是很幽默，不会调节尴尬的气氛，但是只要对方真心相待自己，我们就能感受到对方的态度。这样的人之所以能够受到大家的欢迎就是因为他们通过对他人的关注，看到了别人看不到的地方。

　　小欣的单位有一位同事，大家都叫她珍珍姐。珍珍姐担任的工作是经理秘书，虽然平时的工作都比较琐碎，也很少有重要的事务，但是她总能在平凡的工作中让大家感受到不一样的温暖。因此，珍珍姐的人缘在全单位可以说是最好的。

　　眼看年底公司要聚餐了，领导让珍珍姐负责安排。聚餐那天，大家围坐一桌，服务员上菜后，珍珍姐说道："小王听说你不能吃辣的，我特意点了几道没有辣椒的菜，你尝尝合胃口吗？小刘，上次聚餐你说你最喜欢吃排骨，我这次特意给你点了这道糖醋排骨，尝尝味道如何？还有小欣，你对鸡蛋过敏，这边几道菜都没有蛋类，你可以放心吃……"大家听了珍珍姐的话都很惊讶，没想到每个人的忌口和喜好珍珍姐都默默地记了下来，顿时十分感动。

　　让小欣印象最深刻的，就是刚来公司的第一个月。那时，她还是个新人，性格内向，在单位也没什么存在感，很少和其他同事交流。珍珍姐是单位的元老，又因为工作踏实、认真涨了工资，于是，她请部门的同事喝了咖啡。

　　等到咖啡外卖送到，并分发后。唯独小欣没有。感受到同事们尴尬眼神的小欣越来越紧张，便站起身去了茶水间，心想：可能是因为自己刚来没多久，和大家也不是很熟，被忽略是正常的。但即使她心里这样想，却还是有些难过。旁边有同事安慰她道："你别介意，可能珍珍姐是不知道你喜不喜欢喝咖啡，所以才没买。"小欣笑着说："没关系，咖啡太苦，我喝不惯。"

　　等小欣回到自己的工位上，珍珍姐向她走了过来，小欣正尴尬地不知道说什么好，只见珍珍姐一边把一个杯子递给小欣，一边温柔地说道："我特意给你冲了这个，咖啡这几天你就别喝了。"小欣低下头一看，竟然是一杯冒着热气的红糖水，她惊讶地说："珍珍姐，你怎么知道？"珍珍姐回答道："因为我看你这几天休息的时候总是趴着，吃饭也没什么胃口，就猜到了，快喝吧。"小欣看着这杯红糖水，这才明白珍珍姐的心意，也对她细心的观察感动不已。

一个人要多么专注，才能察觉到这样微不足道的小事，并且默默地记在心里！这样的人自内而外散发着善意，总能让身边的人感受到幸福和温暖，所以，怎能不在人际交往中受到大家的欢迎和喜爱呢？

人际交往中，一个看似微不足道的细节，却很可能在下一刻起到关键性的作用。一个专注的人，一定是一个善于观察的人，这样的人，在工作中通常更容易受到领导的赏识从而被委以重任，在和同事、朋友的交往中，也更容易被信任、被真心相待。生活虽然匆忙疲惫，但是希望我们每个人都能尊重他人，同时也被他人尊重。

一心二用不可取

日本京都大学的教授——船桥新太郎带领着研究小组对猕猴进行了一次科学实验。研究小组人员让猕猴同时完成两项任务：一项是需要记忆的，另一项是需要集中注意力的。研究结果发现，猕猴同时完成两项任务的准确率比单独完成一项任务时要低很多，并且反应时间也增加了很多。

在对猕猴的大脑前脑联合中枢进行了活动轨迹分析之后，研究人员发现，和只需要完成一项任务时相比，当两项任务的指令都进入猕猴的大脑时，猕猴大脑内传输各项指令的神经细胞，活动频率会大大地降低。

根据这个实验，研究小组认为，在有其他任务干扰的情况下，分别承担不同任务指令的神经细胞彼此之间会限制对方的活动。用更加通俗的话讲就是，在同时做两件事情的时候，更容易出错，所用的时间也会增多。这就是在告诉我们，一心不可二用。

近年来，很多科学家都通过对人类大脑的研究，探索人类是否可以同时做多项任务。对于整个地球的文明来说，大脑的不断进化是人类区别于其他动物的最显著的标志。虽然科学家们至今仍然未能对人类大脑的进化有准确翔实的描述和说明，但是我们不能忽略和否认的是，大脑在指挥人类行为的过程中，起着重要的作用。

随着科学的发展，科学家们已经发现了很多独特的现象。其中，最明显的一个现象是，人类在思考或者行动的过程中很难做到一心二用，并且无论做什么都需要专注力的帮助，否则是很难把事情做好、做到位。

也许很多人会说，我们的大脑还没有开发完全，功能活跃的只是大脑中很小的一部分，但是目前的研究和无数的事例都告诉我们，同时关注两种或者两种以上的任务，会让我们在分析和处理问题时，出现不同程度的失误。有科学家表示，人脑一次最多只能同时关注四个物体，如果周围的物体太多，大脑就必须要提高注意力，以此来获得更多处理信息的空间。

众所周知，一心二用会严重影响我们的注意力，注意力一旦分散，就会导致我们完成一件事情的时间不断延长，并且产生烦躁情绪。所以，我们在日常的学习和工作中，不要总想着同时干几件事，那样不但不会加快任务的进度，反而会降低效率。

  林冰冰在一家外企公司担任行政主管一职。从小学习成绩优秀的她，从小县城考到大城市上大学可谓是历经了千辛万苦。毕业后，林冰冰从前台做起，一步步在外企公司做到了行政主管，很多人都为她感到骄傲。

  其实，林冰冰从小的志向并不是做行政类工作，而是想当一名会计师，但是由于高考填报志愿时选择了服从调剂，便被调剂到了经济管理专业。不过，林冰冰并没有忘记自己的理想，她在业余时间开始自学法律专业。并且为了毕业后更具有竞争力，大学时她还辅修了营销管理专业。

  毕业后，林冰冰先是报考了会计资格考试，但由于没有进行系统的专业学习，再加上试题难度较大，她没有通过。为了生活，林冰冰找到了一份前台工作。

  几年后，林冰冰和大学同学聚会时，有同学问她："冰冰，你当年不是说想做一名会计师吗，现在实现了没有？"听到这话，林冰冰不禁感慨道："我现在已经三十岁了，想转行也没有勇气了，如果当初再坚持一年，一门心思考下会计师资格证，说不定现在已经成功了。哪会像现在这样每天做着不喜欢的工作，得过且过……"

林冰冰的事例反映出了很多职场新人都会遇到的问题，既初入职场时的职业选择问题。如果说在大学时期所学的专业和理想中的工作方向不匹配，那么你就要开始思考自己究竟想做什么，然后朝着这个方向努力，积累知识和经验。如果你既不满意所学的专业，又想把它作为一个找工作的后路，就很可能出现尴尬的就业情况：不仅不能在找工作的过程中做到专业积累，而且也无法实现职业转型。这就是一心二用所呈现出的弊端，因此，我们在选择专业和工作时一定要深思熟虑，确定职业选择，专心于一个行业，否则很可能会浪费更多的机会成本。

美国思想家爱默生曾经说过："专注、热爱、全心贯注于你所期望的事物上，必有收获。"然而，一部分人认为，一心二用才是节约时间、提升效率的做法。他们可以一边写作业，一边听歌；也可以一边思考广告文案，一边玩游戏。但是真的能够两者兼顾吗？

在信息爆炸的时代，为了获取更多的信息，提升做事的效率，越来越多的人认为只有"一心多用"才能高效利用时间。"一心多用"的现象在心理学上指注意力的分配功能，即人在同一段时间内，把注意力分配到两种或者两种以上的"对象"上。但是要注意的是，在分配时，至少有一种对象是我们所熟悉的。熟练的活动不需要分配更多的注意力，可以将注意力集中在比较生疏的活动上。只有这样，同时到达大脑的多个指令才不会使大脑超负荷运转，进而让我们同时对多项任务做出反应。经常说自己能够一心二用的人，只是将大部分注意力分配给了主要工作。

实际生活中，很多情况都要求人们学会分配自己的注意力。虽然人们可以利用眼耳口鼻和大脑进行对事物的思考、感知、记忆或者其他的一些体验，但人在同一时间内是无法兼顾多个对象的，也不能对多个对象进行感知。若要想获得对事物的清晰认知、深刻的印象和完整的反映，就需要使用大脑和五官对特定的事物进行观察和记忆。

每个人的注意力都十分有限、固定，不会因为财富、地位、容貌而有多有少。这与合理地分配时间是一个道理，要做一个专注的人，我们就要学会合理地分配自己的注意力：不要在过马路的时候聊天或者玩手机，否则你很可能留意不到街头飞驰而过的汽车，从而遭遇交通事故；也不要在该认真听讲的时候开小差、说话，否则该掌握的知识就会如浮云般飘过，你和别人的差距也会越来越大。

我们应该把生活想象成一个沙漏。要知道，沙漏里虽然有着数不清的细小沙子，但是，在细细的漏管中永远不会有两粒以及两粒以上的沙子同时流下去。而我们每个人都应该像这个沙漏一样，尽管每一天都要面对许许多多的事情，但如果我们一件一件地专心地去处理，让任务像沙子一样有序地通过沙漏，那么我们就能秩序井然地把事情做好。

相反，如果我们做事一心二用，就很可能花了时间却没法把事情做好，破坏原本正常有序的生活，这实在是得不偿失。

第三章

让身心保持最佳状态

分散专注力的元凶：社交焦虑

现代生活中，每个人都离不开社群，为了维系自己与家人、同事、朋友或是其他合作伙伴之间的紧密联系，我们需要加入社群进行连接，以保证自己获取重要的信息，同时也给予对方一定的互动和反馈。因此，无论是工作交际还是私人交往，我们都与社群紧密衔接，而这些社群构成了我们的社交网络。

以下场景相信很多人都经历过：在回家的路上，如果我们碰到了相熟的邻居，就会停下来打声招呼，闲聊几句；早晨来到单位，我们与单位领导同乘一部电梯时，也许会谈到今天要开的项目会议；周末和几个友人一同参加聚会，嬉笑打闹之余也会聊一聊最近的工作……除此之外，我们每天还会收到无数的社交媒体信息；看不完的电子邮件；各种各样的广告短信；朋友发来的视频聊天……我们每日都淹没在这些令人分心的社交信息中，时间变得越来越琐碎。很多人已经深深地意识到，一些无效社交严重地分散了自己的专注力，而自己却没有能力予以抵抗。

无效社交不仅会占据我们宝贵的时间，还无法满足我们的精神、感情、工作、生活等方面的需求。参与无效社交，或许是为了让自己显得合群，或许是为了打发无聊的时间，但这对我们自身的提升是毫无意义的。当我们吃喝玩乐、交际应酬时，我们的同龄人正在努力学习、加班工作，时间久了我们就会发现，别人已经远远地把我们甩在了后边。于是，压力、失眠、焦虑纷至沓来，但是却又不知道如何摆脱这种状态，只能默默承受。

那么，我们应该如何避免社交焦虑，避免它影响到我们的专注力呢？从本质上来说，社交焦虑的产生源于我们的不自信，渴望得到外界认可，希望每个人都喜欢自己。但实际上，这种完美主义的想法是不可能实现的，毕竟人无完人，一个人是不可能得到所有人的喜欢的。下面有一些应对社交焦虑的小技巧，可以帮助我们缓解焦虑神经，重新凝聚专注力。

技巧一：减少用来隐藏焦虑的小动作

研究发现，一些无意识小动作，可以帮助我们缓解紧张情绪。比如很多女性会在和客户谈判时，无意间撩一下头发或者握一下双手，而男性通常会抬一下眼镜或者略微低一下头等。

心理学研究表明，这些不知不觉间做出来的小动作很大程度上是为了缓解人的紧张或者兴奋情绪。很多人因为不自信，在和别人对话时很想掩饰自己的不足或者缺点，而这些小动作就是他们的安全行为。由于这些动作对他们来说已经是习以为常的了，而且会为他们增加安全感，所以一有紧张感，他们就会采取这种安全行为，保护和掩饰自己的内心。

很多人在交谈的时候会不自觉地加快语速，避免和对方的眼神接触，并且在说完话之后会哈哈大笑，这些动作对行为人本人来说是难以察觉的，但是交谈的对象却是一眼就能看到。而这些动作恰恰反映出了行为人的情绪，很容易让对方感觉到行为人的慌张、漫不经心等，从而带来负面影响。所以我们要尽可能地减少这些行为，不要总是把这些行为当作救生圈。我们要学会专注于交流对象，尽可能抛弃不安全感和紧张感，打起十二分的精神处理事务。

不列颠哥伦比亚大学和加州大学圣地亚哥分校的一系列研究报告表明，实际上有 92% 的人能够立即说出自己经常使用的安全行为。这说明他们对自己的惯用动作一清二楚。

一旦认清了自己的安全行为，我们就可以有意识地放弃使用它们。为了区分使用安全行为和不使用安全行为的差别，你可以分别实验一下两种做法。比如和别人交谈时，先有意识地使用自己的安全动作，例如把手放在下巴上，或者推一下眼镜，隐藏自己的不安全感；然后，试着克制自己的这些小动作，把眼神聚焦在谈话对象身上，同时把语速放慢，让对方听明白你要表达什么。

之后，你应该会感受到，当你不再把关注点放在如何减少自己的焦虑、隐藏自己的弱点，或者如何让对方对你产生好感时，你在交流中就会自然而然地产生舒适的感觉，而对方也会被你的情绪所感染，感受到与你交谈时的轻松惬意。

对于谈话对象来说，他们更愿意同放弃安全行为动作的人聊天或者做朋友。这是为什么呢？因为这种人更真实，不需要通过安全行为来掩饰自己的情绪，展现给人的是真诚友好的一面。

技巧二：将注意力从自身转移出去

过多的社会焦虑让我们感觉自己身处于危险之中，仿佛每对一次社交都充满了不安。所以，为了确保在社交中不出错，我们会时时刻刻观察自己和周围人的情绪和动作。但事实上，这不应该是我们关注的重点。当我们总是把注意力放在确保自己在和他人交流时的动作和表情上，就会显露出致命的弱点，光是关注这些就已经要花费我们大量的专注力了，因此就很难再有精力关注我们要表达的内容。

在你和对方交流的时候，如果脑子里一边想着今天穿的衣服是否合适，或者是今天的妆容有没有花掉，一边和对方谈论股票市场的走向，那么你的思路很可能会出现断裂，脑子里一片空白，说话也磕磕绊绊，给对方留下不好的印象。尽管你已经尽力表现出了轻松、智慧、健谈的样子，但是你的不专注却会让对方产生一种失望的感觉。

我们的每个技能都是在实践中熟练掌握的，建立自信也一样。因此，把注意力从自身转移出去吧。多关注一些身边发生的事情，比如对方的言谈，并从中感受对方话语中的意思，这样，你可以更加了解周围的人和周遭环境。看看他们关注的是什么，仔细听他们在说什么，如此一来你的焦虑自然就会消散。

技巧三：放手去做，自信心会迎头赶上

无论何时何地，自信心对我们来说都极为重要。很多人喜欢阅读励志书籍，并期望从中寻找到增强自信的方法，认为这样就可以减少我们生活中的焦虑。但是，建立自信心并不能靠几本书、几句理论就可以实现。只有用行动去实践、尝试，才能真正建立起自信。

在做事之前我们不必总是犹豫不决，白白错过大好的时机，想到就去做，不要后悔。面对一些你曾经逃避的事情，一些你不愿意处理的事物，当你专注起来实践时，就会自然而然地打破心里那道阻隔你自信的围墙。我们不必等到身体出现不健康现象的时候才穿上运动鞋去健身房，也不必等到交稿的最后一天再寻找灵感奋笔疾书。尽管放手去做，迈出第一步，自信的感觉就会随之而来。

我们之所以逃避，是因为自己没有勇气开始，从而养成了逃避的习惯。拒绝焦虑的一大方法就是面对它。面对它，先从改变行动开始。如果你极力避免尝试新事物，那么你会找到一百个理由，拒绝自己做出改变。但是，不要干等着自信到来，想要建立坚实的自信心，就要不断地去尝试。

在面对其他人或事时，把注意力从自身转移到他人身

上，放弃那些可以掩饰内心情绪的所谓安全行为。勇于面对现实，逐步建立强大的自信心，只有这样你才能重新凝聚专注力，摆脱社交焦虑，就会发现这个世界远比想象中的美好许多。

别掉进学习焦虑的陷阱

据某心理研究所的调查报告显示：有 36.7% 的中学生在现实生活中存在着与学习压力有关的心理问题。这些心理问题主要表现为：对学习适应不良、学习焦虑、因为成绩差而产生的自卑感。由此，孩子的学习焦虑问题逐步走入了大众的视野，并引起了很多老师和家长的重视。

学习焦虑是一种对于学业产生的忧虑、不安以及紧张感，之所以会产生这种情绪，是原因一些学生害怕成绩不能达到父母和老师的期待，或者担心自己不能够完成学习任务以致被其他同学超越。一旦产生焦虑情绪，就会影响孩子的学习成绩和学习效率，甚至造成严重的心理问题。

心理学研究表明，焦虑情绪对学习的影响是十分复杂的。有相关专家认为，一个人的焦虑程度和他的学习效率之间的关系可以用"倒 U 曲线"表示，也就是说，焦虑程度越强，学习效率就会越低；而焦虑程度越弱，也会导致学习效率的下降。焦虑对学习活动产生的危害之一，就是会使学生的注意力分散，并且影响对有关信息的掌握。

在如今这个竞争激烈、发展迅速的时代，可以学习的方式和机会越来越多，许多人为了应对毕业后的工作需求，在上学期间就已经考取了各种专业证书。当我们走出校门，走上社会后，会接触到越来越多的不同领域的专家和学者，于是，不少人就产生了学习焦虑，后悔自己为什么没有多学习一项技能。

于是，在这种危机感的促使下，越来越多的人开始报名参加各种培训班和兴趣课程，但是，在这种大量的信息冲击下，我们的注意力在无形中被琳琅满目的课程分散消耗掉了。

如果在兼顾工作的同时，还要抽时间去参加课程，那么学习焦虑就会夺取我们的专注力，最后致使我们既无心踏实工作，又在学习的时候担心工作得不到领导的认可。这种情况如果持续下去，就会产生很严重的影响。因此，无论是工作还是学习，都要把专注放在第一位。不要让焦虑感分散我们的注意力，否则你非但不会对工作产生促进效果，还会和工作相互对抗，最后造成鸡飞蛋打的局面。

现在很多家长都会抱怨自己的孩子学习时不够专注，效率低，不知道如何帮助孩子提升学习专注力。其实，这有很多方面的原因。孩子年龄小很容易受到周围环境的影响，再加上对学习成绩的期盼和焦虑，专注力就很难集中。那么，要如何做才能避免孩子出现专注力不集中的问题呢？

首先，我们要给孩子提供一个整洁的学习环境。

学习环境的重要性是不言而喻的，孩子在年幼的时候很容易受到外界环境的干扰，正所谓"学好三年，学坏三天"就是这个道理。坏习惯和坏朋友对小孩子的影响是巨大的，一旦被影响就会难以改正。如果要培养一个好的习惯，可能需要很长的时间。

东汉末年经学家赵岐在《孟子题词》中有云："孟子生有淑质，幼被慈母三迁之教。"这就是我们众所周知的孟母三迁的故事。

战国时期的哲学家、思想家孟子在幼年时和母亲居住在墓地旁边。孟子看着大人拜祭的跪拜模样也跟着学习起来，还和其他小伙伴一起哭号，装作办理丧事的样子。这种情形被孟子的母亲看到后，便带着孟子搬到了市集。

这次他们住的地方靠近杀猪卖肉的商贩。于是，孟子看到小贩杀猪做生意的样子又学了起来，还和小伙伴模仿起小贩做生意的样子。没过几天这件事又被孟子的母亲知道了，她忧心忡忡地说道："看来这个地方也不是很适合我的孩子居住！"于是，孟子的母亲又带着他搬了家。

这一次，他们搬到了书院旁边。每月夏历初一时，官员们就会来到文庙，行礼跪拜，以礼相待，孟子见了之后都默默地记了下来。孟子的母亲看着孟子彬彬有礼的举动，很是欣慰地说道："这样的地方才适合我的儿子居住呀！"于是，他们二人就在这个地方定居了。

后来，"孟母三迁"这则成语就被用来表示人如果想要养成好的习惯，就要接近好的人、事、物。

这个例子说明了环境对人的爱好和习惯的影响。好的环境可以造就优良的品行，而不好的环境则可以毁灭一个人。

因此，我们要给孩子创造一个良好的学习环境，不光是居住的环境，学习时的桌面是否整洁也很重要。杂乱的书桌也会分散孩子的注意力，让他们在学习的时候心情烦躁，这样一来，就很难静下心来思考问题，提高学习效率更无从谈起。

在桌子上摆放与学习无关的物品，会分散孩子的注意力，这些东西虽然能美化书桌，但是对于提升孩子对学习的专注度，并无实际好处。如果桌上摆放了很多无序杂乱的物品，很容易让孩子的头脑中产生一种无序的感觉。在学习的过程中，知识也很难以进入孩子的头脑中。

如果孩子因为课程的难度和自己较低的接受程度，而产生厌学心理和急躁情绪，家长们切记不能过于苛责孩子。要理解他们焦虑的原因，帮助他们创造安静的学习环境，鼓励他们集中注意力吸收书本上的知识内容，这样才能一步步地帮助他们克服焦虑情绪。

寒假期间，小瑶正在家里做老师留的作业。正当她冥思苦想不知道如何下笔解题时，忽然听到客厅里爸爸妈妈在小声谈话。虽然声音不是很大，但是对于正被难题困扰的小瑶来说却是个干扰，她完全无法把精力集中在习题上。于是，小瑶找出耳塞戴上，本以为听不到外边的声音，就能够安心做题了，但是刚才的思绪已经被彻底打断，注意力也无法再集中，烦躁的小瑶只好再从头开始思考。

　　安静的环境对思考问题是极其重要的。为了让孩子能够专注地学习，家长一定不要在他们周围制造出影响他们的响动，比如看电视、接打电话、絮叨聊天等。为孩子营造一个良好的环境，才能减少他们对学习的焦虑，让他们更加专注地投身学业。

　　并且，家长还要以身作则，不要孩子面前频繁地使用手机。成年人对于手机的依赖已经愈加明显，时时刻刻都要看一下手机，不管有没有新的消息，都要去刷一下微博或者朋友圈。殊不知，作为家长，在你看手机的时候，孩子也在看着你，他们也会对手机产生很浓厚的兴趣。

　　他们会觉得手机上一定有很好玩的东西，才会让爸爸妈妈目不转睛地盯着，于是，在他们学习的过程中，就会对手机念念不忘，想看看里边到底有什么有意思的东西。这种诱惑力是巨大的，一旦孩子对手机产生好奇心，那么他们就无暇把更多的精力放在学习上，成绩自然会下滑，而家长对此往往毫无意识，只会归咎于孩子不聪明或者不认真学习。所以，为了提升孩子学习的专注度，家长就要以身作则，远离手机。家长最好的做法是，在孩子学习的时候，不要看电视，不要玩手机，如果有时间可以在旁边读书，这样会给孩子起到很好的示范作用。

教育实践表明，解决孩子的学习焦虑并不是什么难事，只要家长善于应用正确的知识来了解和分析孩子的学习焦虑现象，采用多渠道的有效方式对其进行鼓励和帮助，一定能收获良好的效果。

过度沉迷社交软件会分散注意力

《深度工作》一书中提到，提高专注力可以帮助我们实现深度工作。依据作者的定义，深度工作指的是在免于分心的专注状态下进行职业活动。然而，现实却是，很多人无法在上班时间或者学习的时候专注于当下的工作和课程。那么，到底是什么影响了我们的专注力？是什么让专注力逐渐崩坏，让我们控制不住自己的心神？

在新媒体时代浪潮的裹挟之下，每个人都已经离不开社交软件。无论是吃饭订餐还是交友聊天，是课程学习还是购物消费，都会用到各种 App。在这种趋势下，人们很容易过度沉迷于手机。

在某个节目中，主持人许知远这样介绍作家唐诺先生："他的世界里，没有手机，没有电子邮件，只与阅读相伴。"这句话使很多观众讶然，人们惊讶于在如今的网络时代还有人不用手机交流，不用电子邮件沟通，因为在大众的认知中，手机几乎是必需品，使用社交软件是生活的常态。

　　李浩然高中时成绩优异，升入大学后担任了所在班级的班长。并且由于他性格外向，积极参加社团活动，还担任了学生会的主席、篮球社社长、戏剧社副社长等多项职务。

　　他不仅要保持优秀的学习成绩，在班级中做好表率，还要兼顾学校的各种活动，每天忙得不可开交。他深知自己不光要对自己负责，还要对全校的同学负责，因此感觉责任重大，每天无论什么时候都会把手机放在伸手就可以拿到的地方，一小时不看手机就会有几十条未读消息。

　　在大二的上半学期，李浩然的成绩一直名列前茅，但从大二下半学期开始，李浩然渐渐感觉自己在学习上有些吃力。尽管大多数的时间他都在自习室，一边学习，一边解决学生会和社团内的工作问题，但是平均十几分钟就会响一次的手机让他根本没有安心学习的心情。他想过把手机调成静音模式，或者干脆直接关机，但是总担心错过重要信息，反而更加心绪不宁。每当手机响起，他都会对自己说："先看一眼，万一有什么要紧事呢。"于是，李浩然就在反复被社交软件打扰的过程中结束了下半学期

的学业和生活，然而，他的期末成绩却从前五名一
下跌落到了二十多名。这让李浩然更加焦虑，他不
禁开始怀疑：是自己的能力不够吗？为什么总是控制
不住自己的注意力？

李浩然的这种情况其实在我们如今的生活中十分常
见，过多的工作责任分散了他本应该用在学习上的专注力，
频繁地被社交软件的提醒所打搅，使其注意力的稳定性和
集中性都呈现出了明显的下降趋势。也许短时间内他没有
意识到，但是时间一长弊端就明显地暴露出来了。

不是只有儿童会被周围的事物影响而分散注意力，成
年人同样如此。由此可见一个不被打扰的环境，不管是对
哪个年龄阶段的人来说，都至关重要。请不要轻易认为自
己已经拥有足够坚强的意志力和专注力，每次都能将自己
从琐事中抽离而不受影响。也许在短期内你能做到，但长
期如此必将使你深受影响，甚至让你在不知不觉中陷入泥
沼而无法自拔。

在现代社会中，我们往往要同时肩负着多种身份，家
庭成员、工作伙伴、邻居友人等，每一个身份都对应着不
同的交际网络。手机的便捷使我们随时随地可以接收各种

各样的消息。但同时，信息的繁杂也会给我们带来困扰。因此分清边界，为信息分类，计划好什么时间处理哪一类信息，不只是为了处理好眼前的事务，更是为了注意力的培养。

要想避免事例中李浩然的错误，就应该在专注学习的时间段为自己与外界建立一道墙，在需要集中注意力的时间里，屏蔽掉其他干扰信息，这样才能保证学习效率。就像我们常说的，学的时候认真学习，玩的时候尽兴玩。

著名艺术家陈丹青曾经说过："在空前便利的电子传媒时代，我们比任何时候都聪明，也比任何时候都轻飘。"在我们沉迷于社交软件的背后，也多多少少反映出当代人的一种浮躁不安、贪图享乐的心态。很多人拿着手机看视频、玩游戏，一看就是一个上午，而有些人却在加班加点地埋头苦干，等到时间沉淀下来，二者的差距将会越来越大。

王啸是一名上班族，平时下班之后最喜欢的消遣就是拿出手机看短视频，每次都能被视频里的内容逗得哈哈大笑。几分钟甚至只有几十秒的小视频一看就是几个小时，等王啸反应过来时往往已经是晚上十二点了。

"最近晚上看视频看得太多了，感觉我的视力好像都减退了。"王啸在单位向同事抱怨道，"但是不看就觉得无事可干，一天不看就难受得无心工作。"

看到王啸整日无精打采，工作也没有以前上心，开会的时候还经常走神，同事忍不住劝道："我看你还是回家少看点手机视频吧，不仅影响你的睡眠，还影响你的工作状态。你看，这个月的业绩又是你垫底，再这么下去你的工作都要保不住了。"

短视频的特点就是在极短的时间内抛出笑料或者展示出噱头，给人强烈的感官刺激，瞬间吸引人的注意力。这种时间成本低，刺激集中，注意力转换频繁的消遣产品，会不断拉高人的感官阈值，让人不知不觉沉浸其中，然后越发难以在长时间的持续工作中集中精神。

但是在如今快节奏的生活下，这种方式是最容易吸引大众注意力的。要知道，无论是学习还是工作，过程难免枯燥，而长期沉迷于这种短视频的刺激会让我们对单调、重复的事情丧失兴趣和耐心。而且，如果长期处于这种漫无目的、不需要思考的状态中，会严重阻碍注意力的发展。

大部分商家的广告都是十几秒，没什么内容却很吸引人注意；在学校里每堂课的时间基本都是四十五分钟，干货满满却让人难以集中精神。人的注意力是有阈值的。如果我们习惯了短时间强刺激，渐渐就很难保持长时间的专注，这对我们的学习和工作都有很大的影响。千万不要让注意力成为新媒体时代中"娱乐至死"精神下的牺牲品。

我们身边一定有人经常抱怨自己很难保持专注力，看几分钟书就想拿出手机看一看有没有人发来微信，或者工作一会儿就想打开 App 玩玩游戏。其实很多人都知道这种只能保持短时间注意力的习惯不好，却很难改正。纵观整个社会，这样的状况越来越泛滥。甚至有人表示：专注力已经成了当代最稀缺的资源。

注意力高度集中，并有较高的稳定性，才可以称之为专注。人的注意力的发展，往往会受遗传、年龄、环境等因素的影响，随着时间不断发展变化。每个人的注意水平都并非停滞不动，而是会随着个人当前的心理状态发生改变。一些看似十分微小、不注意就会被忽视的细节，会潜移默化地影响我们的专注力水平，而我们却丝毫不自知。对大多数人来说，精神状态不佳不仅仅是工作繁忙、熬夜加班所致，娱乐活动侵占夜晚的休息时间也是很重要的原因。

　　身处于新媒体时代，我们的很多生活习惯和生活方式自然会与以前有所不同。专注力的缺失，应该引起大家的重视，但我们不能把责任归咎于时代，而是应该从自身做起，多一份警示，多一份自省，思考一下应该如何与社交软件共处，如何更好地利用社交软件服务我们的生活，而不被它们影响、捆绑。培养专注力，要避免浮躁，不要过度沉迷于社交软件带给我们的刺激和快感。

第四章

专注力打造你的与众不同

有一种情怀叫作工匠精神

2016 年，一部记录故宫书画、青铜器、宫廷钟表等稀世珍奇文物的修复过程和修复者的生活故事的纪录片——《我在故宫修文物》进入了人们的视野。短短几日，便得到了广泛好评，一时间文物修复者们的工作日常引起了大众的关注，他们十年如一日令人敬佩的工匠精神感动了无数观众。

在这部纪录片中，我们看到了平凡生活中不平凡的追求，看到了失落的"匠人精神"，也看到了对文物精雕细琢的执着精神。这些文物的修复者们从喧嚣的花花世界走进了安静的修复工作室，他们用双手和心灵打磨着一个个文物：齿轮的对接、漆色的调配、纸张的装裱……一层一层地上色、一个一个地拼接、一针一线地缝制，每一步都需要十足的耐心和精湛的技艺去仔细琢磨完成。他们倾尽一生，只专注于一件事。

心理学家普拉托诺夫曾说过："要想使自己成为一个专注力很强的人，最好的办法是，无论干什么事，都不能漫不经心。"反观 20 世纪的我们，也应该学习这种专注的工匠精神，珍爱自己的事业，对自己的选择负责，才不会浪费生命。

其实在中国历史上，很早就有过对"工匠精神"的绝佳诠释。《庄子·内篇·养生主》中记载了一个"庖丁解牛"的故事。

有一个名叫庖丁的厨师非常善于宰牛。有一天，梁惠王招他来宰牛，在他剖开牛的时候，他的手碰到牛的地方、肩膀靠着牛的地方、脚下踩着牛的地方以及膝顶着牛的地方，都发出了皮肉和骨骼相分离的声音。虽然刀子刺进牛身体的时候声响很大，但这些声音好像都有一定的音律似的。不一会儿，肉和骨便分离开来了。完成这些动作后，庖丁提起刀，擦干净刀后又把它收了起来。

梁惠王惊讶地说："你怎么会有如此高超的技术呢？"

这名叫作庖丁的厨师放下刀子对梁惠王说道："臣下研究的是事物的本质规律，这已经远远超过了只是对于宰牛技术的研究。我刚开始练习宰牛的时候，对于牛的身体结构还不是很了解，看见的就只是一整头牛的外观。等到三年之后，我的技艺有了进步，见到的就是牛的内部肌理和筋骨。在我宰牛的时候，不再只用眼睛去看牛的身体，而是找到牛内部的肌肉纹理，顺着其骨节间的空隙下刀，劈开筋骨相连的位置。这样下刀，我的刀从来没有碰到过经络和肌肉相连的地方。技术高超的厨工用刀子去割肉，因此他们每年都要换一把刀；而技术一般的厨工是用刀子去砍断骨头，因此每个月都要换一把刀。臣下的这把宰牛刀已经用了将近十九年，宰过的牛有几千头，而刀口却锋利得像刚磨过一样。这是因为牛身上的骨节是有一定空隙的，用刀刃刺入有空隙的骨节中，在运转刀刃时要留有一定的宽绰余地。不过即使如此，每当碰上筋骨相连、难以下刀的地方，臣仍然十分小心谨慎。刀子只需要轻轻地动一下，骨肉就会剌啦一下分离开来，如同一堆泥土一般散落在地上。”

梁惠王听了他的话，赞叹地说道：“好啊！我听了庖丁的话，学到了养生之道啊！”

庖丁之所以有如此精湛的宰牛技术，与其多年专注的练习是分不开的，这种对于技术精益求精的追求，是一笔传承至今的精神财富。在人类璀璨的历史长河中，有无数的巧夺天工的珍宝，它们都是各个时代的工匠们数十年如一日的执着精神的产物。正因为有了这种专注一事，坚守一生的追求，才让这些宝贵的技术和器物有了生命的温度。

不光是在中国，在德国、日本、瑞士等国家，工匠精神也在不断地传承着，享誉全球的瑞士手表和军刀、德国汽车以及日本寿司都是代表。正是由于每代人不断地坚持，专注一心，才有了这些长盛不衰的辉煌成就。

在日本，工匠被称作"职人"，包括各行各业的从业者。这类似于我们所说的"工匠精神"，他们把付出心血，追求精湛技艺的精神称为"职人精神"。2011年，大卫·贾柏所拍摄的纪录片《寿司之神》，就展现了东京银座很普通的一家寿司店的店主——小野二郎穷尽毕生精力，追求创造完美寿司的历程。这间隐身于东京办公大楼中毫不起眼的小店，连续两年荣获米其林三星评价，甚至被誉为值得花一生去等待的店家。而这家店的主人小野二郎一生都在研究和制作寿司，始终以最高的标准和专一的态度要求自己和学徒们。

在纪录片中，小野二郎认真地说："你必须爱你的工作，千万不要有怨言，你必须穷尽一生磨炼技能。"

要想在这家店里做学徒，首先必须要练习的是拧毛巾，等到掌握了拧毛巾的技术才开始做鱼，等到掌握了鱼的知识和技术，才能开始接触用刀。直到十年后，学徒才开始学习煎蛋。正是这样漫长的训练时间和极其严苛的技术标准，才让这家店名满天下。

对于不同的企业而言，工匠精神始终贯穿于他们的文化中。以质量为生命是专注精神的体现，只有好的质量才能赢得好的声誉，因此不断打造出高质量产品是每个企业都要追寻的目标。

瑞士的制造商也同样对产品有着一丝不苟的要求。制表商对每个零件、工序、技术都以精益求精的极致主义精神打造。尽管瑞士没有丰富的物产和广博的国土面积，却本着专注的工匠精神，成了经济最稳定，最富有的国家之一。

哈佛大学研究专注力的心理学家埃伦·兰格曾说过："倘若心不在焉地生活，你便看不到、听不到、品尝不到、体验不到许许多多可能让枯燥乏味的生活变得丰富刺激的事物。我们所在之处，就是我们从未到过之处。"要知道，现代社会的竞争日趋激烈，所以，我们必须专心致志，无论做什么都要全力以赴，持之以恒，只有这样才能在专业的领域做到得心应手，取得出色的成绩。

心无杂念才是最好的生活态度

有人说，最好的生活状态是专注当下，心无杂念，方得一片净土。的确，学会专注眼前的事物，就是要求我们对过去和未来不必计较太多。往日不可追，未来犹可期。对于已经过去的事情，我们不必追忆太多，沉迷以往，很多事情也无法重复再来，重要的是总结经验教训；而对未来来说，则要坚定信念，抱有期待，给自己制订可以实现的目标，并为之努力，但不必期望过大。

专注和简单，是我们成功的秘诀之一。摒弃那些杂念，专注于当前所要经历的事情，才能聆听你自身的声音，进而学会聆听世界的声音。专注于自己的长处，才能找到合适的位置，进而发挥自己的才能。我们应该尽量将宝贵的精力用在重要的事业上。《鬼谷子·本经阴符七术》中有云："欲多则心散，心散则志衰，志衰则思不达也。"这是在告诉我们欲望多了，心神就会涣散，意志就会消沉，精力就会不集中。

化繁为简也许比化简为繁更难做到，因此我们必须厘清自己的思路，明确真正想要的是什么，这样才能从平庸走向卓越。成功的关键是学习力，学习的关键是专注力。真正获得成功的人在智商上并不比常人高多少，但是他们钢铁般的专注力，却不是人人都有的。倘若缺乏专注精神，那么即使立下凌云壮志，也很难有所收获。

村上春树曾经说过："没有专注力的人生，就仿佛大睁着眼却什么也看不见。"世界上有千千万万的人，很多人都在做同一件事情，但是为什么有的人获得了极大的成功，而有的人却总是在失败的泥潭里挣扎呢？其中一个很重要的原因就是没有足够的专注力把这件事做到极致。

日本有一家企业只有七位员工，他们生产的产品也不是什么难得一见的稀世珍宝，而是随处可见的哨子。然而，就是这家微型的企业，在一年内创造出了七千万日元的利润。

而这家企业的秘诀，就是专一地生产一种哨子，他们邀请了几百名专业的研发人员专门对哨子进行调研，并且做了大量的尝试，最终开发出了一种声音响亮又使用方便的哨子，最高竟然能够卖到两千日元一个。

麦当劳的创始人雷·克拉克，曾被《时代》杂志列为全球最有影响力的企业创始人之一。他以独特的经营才能，将规模很小的麦当劳餐馆变成了世界品牌，而自己也成了美国乃至世界著名的企业家。

其实，据说当年买下麦当劳特许经营权的人，不光是雷·克拉克，还有一个荷兰人。但是，在拥有经营权之后，两人的经营方式却有着极大的不同，因此也产生了两种完全不同的结局。

雷·克拉克把全部的精力都放在了开店上，快餐店中的食物材料都从其他食品厂进货。而那位荷兰人却认为如果从原材料的种植到生产加工，最后到开店经营，都由自己负责，那么所赚的钱自然也都是自己的。于是，他不仅经营麦当劳餐饮店，还投资开办了养牛厂和牛肉加工厂。但是，因为三者兼顾，资金很快入不敷出，有限的精力也让他很难把方方面面都照顾到。

多年后，雷·克拉克已经成了享誉世界的企业家，他把麦当劳开到了全球一百多个国家，而那个荷兰人由于资金周转不灵，失去了餐馆和加工厂，只得待在一个农场里养着二百多头牛。

这就是专注力的作用，自始至终都专注于一同一件事情的人，成功之神也会更加偏向他。其实，成功的秘诀很简单，从明确目标开始，就不能再环顾周围的纷纷扰扰，而要专心致志，顽强执着，不轻言放弃。然而，很多时候我们无法做到专注，就是因为自己的心性不坚定，看到身边的喧嚣与繁华，心中就起了波动，无法把注意力全部倾注于当前的事物。

唐代惠能大师的《坛经》中记载：

> 时有风吹幡动。一僧曰风动，一僧曰幡动。议论不已。
>
> 惠能进曰："非风动，非幡动，仁者心动。"

这段话的意思是，当时有风吹幡动，一名僧人说是风在动，另一名僧人说是幡在动。两人争论不已。惠能大师上前说："你们辩论不休的原因不是风动，也不是幡动，而是你们作为修行人的心在躁动，心不清净啊。"

近几年，很多人都在抱怨经济萧条，市场环境不景气，但是日本有一家小店，仅凭出众的特色点心就赢得了广大食客的喜爱。

在日本东京的一条不知名的小巷子里，有一家很出名的叫作"小笹"的小店，店里没有过多的食物品种，只有羊羹①和最中②两种点心。但是仅凭这两种点心，这家小店的年收入竟然可以高达三亿日元。除了一些经常光顾的老顾客，很多新食客都是慕名前来购买，更有一些人凌晨四五点钟就来排队购买，这种络绎不绝的场景持续了四十多年，可见人们对这家出产的点心的喜爱。

很多吃过的人都说："这家店的羊羹外观美到不舍得吃，但是又好吃到忍不住不吃。""吃下一口，就仿佛去深海遨游了一次。"他们所说的羊羹就是这家店的招牌美食。

成立于1951年的"小笹"点心店，一直秉持着一个经营理念——"卖给客人的必须是最美味的"。

"小笹"点心店的店主——稻垣笃子在父亲在世时就一直跟随父亲做羊羹，她每天都要重复地完成烧炭生火、淘洗红豆、蒸煮、碾碎等一系列工作。就这样日复一日，年复一年的重复。

---

① 一般指栗羊羹。由中国传入日本，以红豆为材料的甜品。
② 日式传统点心。

据稻垣笃子回忆，由于羊羹做好后不能马上食用，必须要冷却一天才能食用，因此每天早上她固定要做的一件事就是，和父亲试吃当天即将出售的羊羹，并记录下不完美的地方，以便下次制作的时候对配方比例和火候时长等进行调整。那时，父亲在品尝过后总是一脸严肃地发表精简的评语，比如"时间熬得不够""火候不足，没有嚼劲"等等。那些令父亲不满意的羊羹，他就会倒掉，绝对不允许把制作不到位、味道不好的食物卖给顾客。

"熬制羊羹时，是我一个人的世界，谁也不能打扰我和羊羹的独处。全神贯注于一件事，如果心存杂念，就一定做不好。"稻垣笃子这样说道。

由于制作羊羹需要几个小时的蒸煮，因此，即使是在冬天，几平方米的小店内温度也会高达三十多度。这么高的温度就算身穿夏装也经常让稻垣笃子满头大汗，为了不让汗水滴落进锅里和食材上，稻垣笃子会在头上系上头巾。即使汗流浃背，她也只专注于羊羹的质量，绝对不会因为环境的恶劣而缩短蒸煮的时间。因此，每每一锅蒸好，她就要换一套衣服。

稻垣笃子继承了父亲专注的精神，从不会为了金钱而降低对食物品质的要求，也不会进行流水化的生产作业。但是毕竟一天的时间是有限的，点心的数量也是有限的。因此，"小笹"规定，羊羹每天只卖一百五十份，每人限购五份。稻垣笃子说："一锅三公斤的红豆，大概能做出五十份羊羹，超过了三公斤，就会影响羊羹的味道。因此做三锅大概要花费十个半小时的时间，这样算起来一天也只能卖一百五十个。"

随着技艺的不断精进和时代的发展，稻垣笃子也对自家的羊羹做出了新的研究和创新。她发现红豆泥如果能够呈现出紫色便达到了最极致的颜色。如果想达到这一要求，就要把红豆泥压成一张纸的厚度。于是，为了达到这种色彩效果，十年来，稻垣笃子不断地试验，反复调整，不同的气温、不同的产地、不同的质量、不同的火候、不同的力度都会对红豆泥最终呈现出来的形状和颜色有所影响，进而也对羊羹的味道产生影响。稻垣笃子说道："要想使羊羹出现紫色的光芒，就必须对这些会产生影响的变量进行最恰当的调和。"

在制作羊羹的过程中，稻垣笃子沉浸在自己的世界，不会受到任何人事物的打扰，也正是有了这份专注和坚持，她的小店才能屹立几十年而不被市场的浪潮所击垮，这种追求极致的精神值得我们每个人学习。

"无论做什么，一辈子只专注于做一件事。一旦决定做，就不能半途而废。全神贯注地专注于一件事，如果心存杂念想东想西，就一定做不好。"这是稻垣笃子坚守一生的准则。无论我们做什么，难的不是一时兴起，而是一辈子保持热忱和专注。

如何让专注力助力思维力

有位哲人说过，能够到达金字塔顶端的动物有两种，一种是雄鹰，一种是蜗牛。雄鹰之所以能够到达顶端是因为它们有一双矫健的翅膀；而蜗牛能够爬上顶端则是源自专注，源自不懈的坚持。只要认准一个方向，他们就会一直朝着这个方向努力向前。失去专注力的人生，最多只能在中下游徘徊，是很难达到成功的顶峰的。

我们的大脑以及身体器官的运行方式，对我们的思维有着重要的作用。比如，通过研究眼睛和耳朵向大脑传递信息的过程。研究发现，眼睛似乎更注重事物在空间性的传播，而耳朵则更注重事物在时间上的传播，这二者相辅相成，相互配合，只有这样大脑才能够得到完整的信息。因此得知，大脑的运行离不开各种器官的配合和支持。但还有另一个影响思维的重要因素，那就是我们接收信息时的注意力，如果我们的注意力无法集中，那大脑作为信息处理中心和思维运转中心的能力也会随之下降。由此可见，仅拥有一个发达敏锐的大脑是远远不够的，还要有专注力。

这样才能提高处理信息的效率。

大脑如果处于专注模式下，思维活动就会更加敏捷迅速，对新知识和技能的学习有着举足轻重的作用。有研究显示，专注模式会促使人类的大脑前额叶皮层增强注意力。当你开始对一件事物集中注意力的时候，专注模式就会自行开启。

在处于专注模式时，思维运转会更加迅速，更容易对问题生成切实可行的想法，也就是说，能够更加专注地集中精神在大脑中形成思维体系，因此，对所要解决的问题能够更加全面地看待。

在学习一项技能的时候，如果使用专注模式，就会充分利用大脑。比如在学习打篮球的时候，你的头脑就会把每一个分解动作详细分析，仔细记牢，然后在头脑中无限次地重复，随后再运动到肢体上。这样一来，远比看一遍教练的动作在进行练习要有效得多，否则，没有前期的专注思考，就算练习再多次也都是浪费时间。

当专注于某件事时，大脑前额叶皮层就会传递出"专注"的信号。我们思考哪方面的内容，这些信号就会自动向哪些功能区域传输信号，然后将它们连接起来，在大脑中形成网络，建立起关联。

很多情况下，专注思维适用于解决某一项具体问题，比如我们需要认真思考工作的进度如何安排才能更有效率，各部门如何分工更为合理，或是当前遇到的一个负面问题应该如何进行危机公关并加以解决……我们应该运用专注力去激发思维网络，从而抓住问题的重点再进行认真的思考，这样更容易找到解决问题的办法。

美国伊利诺伊大学的丹尼尔·西蒙斯教授曾经做过一个名为"看不见大猩猩"的实验：

> 研究人员让几名实验对象，观看身穿白色和黑色的衣服的大学生互相传球的视频。开始时实验对象们被告知"一会儿会问你们穿黑色衣服的人互相传了几次球"，为了回答这个问题，实验对象们仔细地看着穿黑衣服的人的动作并且记录传球的次数。实验结束后，研究人员问实验对象传球的次数，基本上注意观看的人都会答出来。但是再问他们有没有看到其他东西时，很大一部分人表示没有看到别的东西，而另一部分人则说看到了一只大猩猩。随后研究人员让另一批实验对象戴上眼动仪再进行这个实验。从眼动仪上可以看到，声称没有看到大猩猩

的人，他们眼睛的运动轨迹有一段时间是落在大猩猩身上的。那么他们为什么说没有看到呢？

这个实验向我们展示了一个被称为"非注意盲视"的现象，这个现象揭示了一个问题，那就是在过于集中注意力的时候，我们会产生一些注意力盲区，对很明显的事情"视而不见"。

问题的关键就在于我们的注意力其实是存在选择性的，当我们观察事物的时候，如果只关注特定的对象，就会忽略其他的部分，在潜意识里对特定的关注目标给予过多的关注，就会撇清其他干扰性的事物，注意力就会集中在一处。上述实验中的大猩猩，就是作为干扰物被忽略掉的。

因此，在做事的时候，应尽量排除影响注意力的干扰物，把注意力集中在关键的地方，培养自己的专注力，这将会是受益终身的好习惯。世界上最宝贵的是精力，浪费精力在无聊无效的事情上，就很难在工作上有所建树。一个人的时间、资源、能力都是有限的，该学习的时候玩耍，该刻苦的时候享乐，那么你就不要想着能够在人群中出类拔萃。当然，如果事事都想精通，都想尝试也是不现实的，聪明的人懂得如何利用好时间，把主要的精力投放在一件事上，只有这样做才能实现目标。

我们在做人做事上应该像园丁修剪花草树木的杂枝一样，与其把所有的精力消耗在太多毫无意义的事情上，还不如看准一件对自己的未来发展有助推作用的事情，集中精力和时间，全力以赴地去做，势必可以取得一定的成果。

为什么花园里的花草要定期进行修剪？那些经验十足的园丁不光会修剪枯枝败叶，还会剪掉一些未抽条的枝叶。很多不懂得园艺的人会觉得十分可惜：明明可以发芽，为什么就不要了？因为园丁们深知：如果不剪去多余的、没有生长价值的枝叶，它们就会吸收掉有限的养料，树木也就没有办法更茁壮地成长。而且因为营养分配得过于松散，不能集中于主要的部分，所结的果实也不会很丰硕，因此必须忍痛将这些旁枝剪去。

而花匠同样也是如此，他们需要把一些还没展开的花骨朵剪掉，就是为了不让它们占有有限的养分，这样就可以让养分都集中供给其余的花蕾，让它们开出硕大、罕见、美丽的鲜花。

因此，如果我们想在某一方面取得超越常人的成就，就不要害怕割舍，要大胆地举起手中的剪刀，把所有细枝末节、微不足道、没有把握的事物完全"剪去"。在一件重要的事情面前，即使是那些已经付出了努力的事情，也必须忍痛舍弃掉。

世界上有很多人之所以没有获得成功，主要不是因为他们没有能力、没有才干，而是因为不能集中精力、不能全力以赴地完成适合他们能力和个性的工作，从而导致他们浪费了自己有限的精力，而他们自己往往还没有察觉到这一重要的问题。如果把心中的杂念一一去除掉，我们的大脑就会更加清晰，思维就不会被搅乱，当生命中所有的"养料"都集中到一处的时候，那么我们在不远的将来一定会为自己感到骄傲：我们的事业之花竟然能结出这么美丽丰硕的果实！

第五章

专注力缺失，
正在慢慢影响你的人生

过多的陪伴，影响孩子的专注力

很多孩子都会出现以下的问题：做事情三分钟热度，只要旁边一有点响动，就会不由自主地东张西望，寻找发出声响的地方，不能专心致志地听讲……如果孩子存在这些问题，那么家长们就要注意了，因为这很可能是专注力差的表现。

孩子的专注力表现为把他们的视觉、嗅觉、听觉和触觉等感官都集中在某一事物上，并能持续聚焦的能力。而能够进入到一种忘我的状态就是最明显的专注力强的表现。随着孩子年龄的增长，如果在积极效果和有效措施的促进下，孩子能够保持专注的时间会逐渐变长。

很多家长都知道提高孩子专注力的重要性，但是却不知道如何帮助孩子。其实，家长的某些行为会对孩子的专注力产生重要影响，应该引起足够的重视。

著名教育家蒙特梭利有句名言："除非你被孩子邀请，否则永远不要打扰孩子。"一些家长本着对孩子好的想法，经常在孩子正聚精会神的时候打搅他们。比如询问他们渴不渴、饿不饿，或者是想知道他们在做什么。然而，这种行为在不知不觉中，会打断孩子的专注力。长此以往，孩子原本的专注力就会被破坏。

　　已经四岁的西西正在读幼儿园，他十分喜欢幼儿园的老师和小朋友，每天回家的第一件事就是会把在幼儿园发生的事讲给爸爸妈妈和爷爷奶奶。

　　有一天西西回到家后，并没有和家里人讲述在幼儿园发生的事，而是一个人待在屋里堆积木。这时，爷爷正巧路过西西的房间，看到他在屋里专心地用积木搭了一栋高楼，搭完之后又用手全部推到，然后再重新搭起来。

　　爷爷以为西西在幼儿园遇到了不高兴的事情，便问道："西西在玩什么呢，爷爷和你一起玩好不好？"西西好像没有听见爷爷的话，依旧自顾自地搭着积木。

　　这时，爷爷已经拿起了一块积木，正要往积木堆的高楼上搭。突然，西西一把挥开了爷爷的手，叫嚷道："我不要爷爷帮忙，我要自己搭高楼，老师说自己的事情要自己做。"听了西西的话爷爷才明白，

原来西西不是遇到什么不高兴的事情，而是想要自己完成一个"任务"。

这是很多家长都经常会出现的问题，在自以为是好意的情况下，经常在孩子专心做事时打扰他们。有的孩子在很小的时候喜欢独自一个人拼拼图或者写写画画，但是家长们由于过于担心他们性格内向，以后很可能不善于和他人交流，于是，经常会在他们专注的时候和他们说话聊天，打破孩子的沉默。而孩子虽然很可能不太愿意被打搅，但还是会分出精神和心思来回答家长们的话。等到这些孩子长大上了学，很可能就会出现走神分心坐不住的情况，而父母则会严肃地批评他们不专心，不认真。殊不知，正是由于家长们自以为是的错误做法才会导致孩子出现现在的情形，也正是由于家长的不当行为才让孩子的专注力被破坏。

事实上，家长对孩子的陪伴本身没有错，但是孩子作为一个独立的个体，也是需要一定的独处时间的。他们虽然年龄小，但也已经有了自己的思想和情感，即使还不能完全地表达出来，却可以在情绪和动作中看出一些蛛丝马迹。家长对孩子的关注与陪伴越多，孩子独处的时间就越少。

独处是一个人与自己相处的机会，在成长过程中，每个人都需要独处的时间。我们在独处的过程中会不断地认知自我、反省自我，进而学会如何更好地面对自我、专注做事、和自己友好相处。很多家长却总是忽略给孩子留出的独处时间，或是认为这不利于孩子的成长而不让他们独处，他们并没有意识到：过多的关注会打扰孩子的成长。

除此之外，有的家长为了让孩子的生活环境更加舒适，会根据自己的喜好或者孩子的乐趣，把孩子的房间布置得五彩缤纷：墙壁上贴满可爱的卡通图案，屋子里摆放着许多有趣的玩偶，书桌上放着新鲜的水果奶糖，以及各种各样好看好玩的小装饰。

我们可以试想一下，在色彩冲击和美食引诱的环境中我们能够静下心来工作吗？抬头就能看到自己喜欢玩的玩具，随手就能拿到喜欢的食物，别说是孩子，就算是成年人都很难做到不分心。如果长时间处于这种过度装饰的环境中，我们很容易会出现视觉疲劳，进而产生压抑感，最后导致专注力和思考能力的降低。这就是为什么一些商家的广告总是五颜六色的原因，这样更能够吸引观者的眼球，干扰他们正在做的事情或者将要做的事情。

　　另一个严重影响孩子注意力的就是噪音。正处于成长发育期的孩子，对外界的刺激非常敏感，而对噪音干扰的抵御能力却非常有限。

　　美国有个实验，很好地说明了这一点。为了评估噪音对学生的影响，研究员们在一所位于铁道旁的学校做了一个实验，把同一班级的同学分成了两组，一组是靠近铁道的二十名同学，另一组是远离铁道的二十名同学。一个学期后，研究人员把两组学生的成绩做了比较研究，结果发现，靠近铁道的学生成绩比另一组远离铁道的学生的成绩平均落后了十名。而当学校在该班级中安装了具有隔音效果的设备之后，学生之间的差距竟然明显地缩短了。

　　因此，我们有理由相信，噪音也是干扰孩子注意力的原因之一。生活中，家庭噪音可谓是随处可见，比如在孩子做作业时，父母在旁边看电视；父母之间产生矛盾，当着孩子的面吵架；孩子集中注意力的时候，父母在旁边大声聊天等等。这些行为经常被父母忽略，但却都会对孩子的专注力产生一定的负面影响，应该引起家长的重视。

　　如果依靠较短时间、较高强度的专注力训练，作用是非常有限的。专注力的培养不是一蹴而就的过程，关键还是要依靠长期的对专注习惯的培养。而习惯的养成则需要在日常生活中用科学的方法持续引导。家长要与孩子建立良好的亲子互动模式，不能一味地要求孩子、责备孩子，而是要耐心地鼓励他们。

无论孩子是在专注地做功课，还是专注地玩游戏，家长都不应该轻易地打搅他们，尤其是不能短时间内多次打断他们的活动，否则孩子刚刚集中的注意力很快就会被分散。

小森是一名刚上一年级的小学生，刚接触学校的小森好奇心十分重，经常拉着爸爸妈妈的手问这问那，活脱脱一个"十万个为什么"。

一天放学回家，小森的妈妈看到小森在楼下蹲着迟迟不肯上楼，不知道在看什么。妈妈走过去看到小森正目不转睛地盯着地上的蚂蚁，于是问道："宝贝，你看蚂蚁做什么？快回家洗手吃饭了。"

小森没有抬头，而是把食指放在嘴唇上，做了一个"嘘"的动作。小森的妈妈知道小森肯定是因为好奇才盯着蚂蚁看的，便没有继续打搅他。过了一会儿，小森看到蚂蚁都爬走了这才抬起了头，对妈妈说："我在看蚂蚁搬食物，它们一只搬不动要好几只一起才能把食物搬走，老师说这就是团结的力量，我们也要向小蚂蚁学习这种团结的精神。"

小森的妈妈这才知道，原来小森通过对大自然的探索和专注的思考，把课堂上学到的东西在生活中加深了理解。

因此，为了让孩子更加专注，我们应该为孩子营造一个独立而安静的环境，让孩子去做自己的事情，而不要随随便便地进入属于孩子的领地里。另外，还要给孩子留下充足的时间让他们能够集中注意力进行沉思，不要人为地去过分分解孩子的时间段。让孩子自己逐渐形成时间管理的概念，并慢慢养成做事情的计划性。尽量每次都让孩子做同一件事，千万不要一边吃东西一边做作业，或者看五分钟书又要拿起笔来画画。保持行为的一贯性更加有助于专注力的培养。

没有兴趣，就没有专注力

很多家长和老师都会抱怨孩子做事、学习不能集中注意力，担心这样的坏习惯会影响孩子以后的生活。但是他们却没有思考过：这样的结果全然是孩子的问题吗？一味地责怪孩子有作用吗？

每个人都有自己的独立意识，孩子也不例外，他们也希望自己能够学习优秀，也希望自己可以认真听讲，但是很多孩子并不能完全控制自己的注意力，这与他们在学龄前的生活习惯有很大的关系，一些家长正是忽视了这一点。要知道，孩子的每一步成长，都应该由家长进行正确的引导，正如一部电影，如果光有好的演员还不够，还需要好的导演来指导拍摄，才能打造出完美的作品。

很多家长都知道要培养孩子的专注力，但是却恰恰忘记了拥有专注力最基本的前提——兴趣爱好。当一个人对某一领域产生浓厚的兴趣时，他的整个身心都会专注于这个领域，不用提醒也会自然而然地聚焦于此。

如果孩子上课和写作业时无法集中注意力，却在玩游戏和看电视时能盯着屏幕看一两个小时，这就说明，孩子不是缺乏注意力，而是对学习不感兴趣。因此，培养兴趣爱好是提高孩子专注力的一个重要且有效的方法。

兴趣和注意力有着非常密切的联系，也是培养注意力的重要心理条件。作为学生家长和老师，如果想要提升孩子的注意力，让他们改掉注意力不集中的问题，首先应该把握好自己的航标，在教学的过程中，把培养孩子的兴趣放在第一位，这样才能达到令人满意的效果。

开学选修课程时，全年级百分之七十的学生都选了张老师的心理学课程，其他一些老师非常不解，他们觉得自己的讲课水平也不比张老师差；而且论资历他们都比张老师教学时间长；论能力他们有的是副教授，有的是研究生导师，而张老师只是讲师。为什么他是全年级最受欢迎的老师呢？

校学生会专门对学校的选修课做了一项调查，答案随之揭晓。对于选修课的设置和老师的评价，学生A说："我喜欢张老师的心理研究课程，因为每堂课上他都会举很多他在做心理咨询时遇到的真人真事，就像听故事一样，一转眼就下课了。"学生B说：

"上张老师的课一点不觉得枯燥，听李老师的课总让人昏昏欲睡，笔记还特别多，沉闷又没有趣味，缺乏吸引力。"学生 C 说："除了张老师的课，我上别的课时注意力总是跑偏，经常东张西望，但是张老师讲课的时候总有一种魔力吸引着我，而且课堂的气氛总是很欢乐。"

这就是兴趣发挥的作用，一旦孩子对某件事情产生了兴趣，那么，不需要进行任何提醒他们就能聚精会神、专心致志地去完成该做的事情。

那么孩子的兴趣从何处而来，又该如何进行培养呢？

对孩子来说，他们除了需要身体生长的营养外还有精神需求，尤其是做完一件事情后可以受到表扬和鼓励的需求。因此，家长们不要吝啬自己的鼓励，要善于发现孩子的进步和闪光点，培养孩子的兴趣和提升他们的专注力。无论是在教育方式还是学习内容上，都要尽量做到丰富多彩，这样更容易引发孩子的兴趣。

另外，家长应该理解和尊重孩子的兴趣爱好，即使家长们认为没有用处，也不能强加干涉，用强迫的方式让孩子学习家长认为有用的爱好，就会抹杀孩子对学习以外事物的兴趣。

孩子在面对自己不感兴趣的学习内容时，家长可以适当地引导孩子把他们感兴趣的事物和学习内容结合在一起，培养和激发他们学习的兴趣。把孩子乐于参加的一些活动或者游戏与学习联系在一起进行练习，寓教于乐的方式更容易让孩子接受。

对于新入学的孩子而言，学校的一切，包括老师和同学，都是令人好奇的。放学回家之后，很多孩子都会兴致勃勃地向家长讲述他们在学校度过的有趣时光。这时，家长要认真倾听，不要觉得孩子在说一些无关紧要的事情，否则就会让孩子失去兴趣。要知道孩子能够记述他们在学校发生的事情，正是专注观察和记录的结果，如果家长敷衍地回应他们，那么孩子就会觉得自己的讲述是多此一举的，下一次就不会再认真地记述学校生活的点滴了。

有研究表明，兴趣广泛的孩子专注力更好，更容易接受所学的知识，善于结交新的朋友。因此，保护孩子们的兴趣，就是在促进培养他们的专注力。

星期日，五岁的茵茵拉着妈妈的手要妈妈带她去公园玩。妈妈看到茵茵迫切的样子，不想让她失望便答应了。来到公园的茵茵，一下就跑到了小河边，蹲在岸边伸长了脖子往河水里看。身边的妈妈怕她一不小心掉到河里，便赶紧拉住茵茵，催促道："茵茵，河边太危险了，我们赶紧上去吧，不要在河边玩了。"也不知道茵茵听没听见妈妈的话，她依旧一动不动地看着河里的鱼儿，自言自语道："小鱼在吐泡泡，它是在喝水还是在吃东西呢？"妈妈见茵茵不为所动，再次劝告道："我们去前边的游乐园玩好不好，一会儿到中午就该回家吃饭了。"茵茵突然兴奋地指着河中央说道："妈妈快看，有一片叶子落到了河面上，而且一直漂啊漂，为什么它不像小鱼一样沉到河水里呢？"妈妈听了茵茵的话，忽然意识到，原来女儿蹲在河边是在观察河里的小鱼和落叶，便不再催促她，而是给她讲起了这种自然现象形成的原因。

其实，孩子天生都具有强烈的好奇心，他们对自己感兴趣的事物总会停下脚步，专注地进行观察和思考，但是家长们却总是忽略他们的举动，并认为这都是一些耽误时间，没有任何意义的事情。于是，孩子幼小的心灵就会受到打击，即使以后他们遇到了自己感兴趣的事物，也很难投入精力进行研究。

每个孩子都具备成为科学家的潜质，当孩子幼年专注于观察的时候，家长千万不要把自己的意志强加在孩子身上，打断孩子蓬勃的专注力和发现力。玩游戏只是次要的，通过专注的观察力，可以发现自然的奥妙。但这样的乐趣一旦被破坏几次，就难以重建了。

美国心理学家威廉·詹姆斯曾经说过："能促进儿童专注力的教育才是最好的教育。"用威廉的教育方法和教育理念培养出来的孩子，都是以专注经济独立、关爱个性自由等著称的。其实，培养孩子的专注力并没有我们想象中那样复杂，只要尽量让孩子做他们感兴趣的事时，不要轻易打搅就是培养他们专注力最好的方式了。因此，不要一边抱怨孩子不专心，一边又毫无知觉地破坏着他们每一次锻炼专注力的机会，否则只会事与愿违。

别让负面情绪毁了你的专注力

成功学大师奥里森·马登在《一生的资本》一书里写过这样一段话：

> 任何时候，一个人都不应该做自己情绪的奴隶，不应该使一切行动都受制于自己的情绪，而应该反过来控制情绪。无论境况多么糟糕，你都应该努力去支配你的环境，把自己从黑暗中拯救出来。

的确，负面情绪对我们身心的影响是巨大的，不仅会使我们的心理产生一些困扰甚至疾病，也会使我们心绪不宁，注意力分散。如果我们的精神一直被负面情绪占据着，那么当积累到一定程度时，我们很可能会出现失眠、暴躁、抑郁等情况，还有可能在处理问题时走极端。因此，面对困境时，戒掉负面情绪是非常重要的。只有让自己的情绪不轻易地受到外界干扰，我们才能提升专注力，掌控好自己的工作和生活。

　　毕业后刚参加工作的任晓云，在一家公司担任会计，平时工作十分谨慎认真的她，最近总是出现失误，不是算错数字，就是写错单据，工作时的情绪也十分低落。同事见状都询问她最近是不是发生了什么事情，但是任晓云总是说没事，就是晚上没有睡好。

　　在一次算错报销数据的时候，上级主管把她叫进了办公室，询问她最近工作总是心不在焉的原因。这时任晓云才说，是自己的家庭发生了重大的变故，爷爷奶奶出车祸去世了。由于太过突然，家里人都没有准备，一时之间难以接受，为了不耽误任晓云的工作，父母在老家处理完后事才告诉她。而上个月才回过老家告诉爷爷奶奶，自己在大城市找到了工作的任晓云，这几天都昏昏沉沉的，好像做梦一样，所以做什么事情都无法专注。

　　上级主管在了解了事情的原因后，告诉任晓云："对你家庭的变故，我表示遗憾和同情，但是工作上的事不能马虎，如果你实在无法集中精力工作，就先放几天假调整一下心情再来。"任晓云也知道自己最近的负面情绪堆积得太多，需要缓解一下，否则势必还要影响工作，给公司造成损失，于是便接受了主管的意见。

回到家后，任晓云让自己的情绪尽量平复下来。她先是买了几本书，但是翻了几页就看不下去了，然后又买了笔墨纸砚，准备学习古人静下心来写写字。她一边看着字帖，一边临摹，起初依旧感觉心里躁动不安，写了两个字就停了下来，但是停下之后又不知道要做什么，便还是继续临摹。

随着时间的流逝，她发现自己写字的过程中越来越能够集中注意力，全神贯注地盯着字帖和笔尖，一笔一画地写了一个小时。在她停笔的那一刻，任晓云突然觉得之前压在心头的那块大石头好像被移走了，自己的心情也比之前平静了不少。

一位创业公司的老板在提到自己如何克服负面情绪时表示，自从创业以来，他就告诉自己要戒掉坏情绪，不要让负面情绪影响到自己对事情的判断，因为现在有公司几十个人一起承担风险。不能被情绪控制，要克制自己不要放大负面情绪，遇到问题时也不能沉浸在无用的情绪中，想办法解决才是关键。毕竟在问题面前，还有一大堆工作要做，很多客户要见，与其宣泄自己的负面情绪，还不如集中精力，抓紧时间处理问题，早日解决才能带领全公司走出困境。这样一来也就没时间自怨自艾或者发脾气了，只能以最快的速度收拾好自己的情绪，然后充满干劲地投入工作。

这就是目前许多职场人士摆脱负面情绪，迅速进入专注状态的真实写照。正如世界著名实业家稻盛和夫所说的一句话："成功不要无谓的情绪。"

为什么要想成功就必须要戒掉负面情绪吗？显然，情绪会影响我们的判断、注意力，一旦我们在工作中缺乏专注，效率就会大幅度降低。美国心理学家特瑞斯曼教授指出："不专注时，人们只能对事物的个别特征进行初步加工；专注时，能精细加工，并将其整合为一个整体。"也就是说，只有在专注的情况下，我们才能顺利地完成自己的工作。

心理理论之父米哈里·契克森米哈赖在《心流：最优体验的心理学》一书中提到过这样一个案例：

> 荷兰的一家医院，有一名患有精神分裂症的女性
> 患者。她在这家医院住院已经超过了十年，并且病

情一直很严重，经常思路不清，让人不知所云，而且情绪十分冷漠。

医生对她跟踪记录时发现，她曾出现过两次情绪高亢的时候，而且正巧都是在修剪指甲时。于是，医生找来专业人员教她修剪指甲的相关技巧，没想到的是，她一改之前淡漠的神色，充满热情地开始学习。

没过多久，她就学会了修剪指甲的相关能力，并且开始给医院的病友们修整指甲。从此以后，医生们惊喜地发现她的性格竟然比之前发生了很大的转变，神志似乎也清醒多了。

这就是正面情绪的力量。当一个人把注意力放在自己喜欢的事物上时，他的积极情绪就会高涨许多，从而取代之前的负面情绪，同时让原本处于混乱的精神状态变得有秩序，让人重拾对生活的热情，并找到生活的意义。

当正面情绪产生时，我们的身体就会产生高度的兴奋感，内心也会产生一定的充实感，自然而然就会对自己充满自信，于是就会更加专注地激励自己做当下的事情。

那么，如何才能消除自己的负面情绪呢？

　　当负面情绪袭来时，先不要急着压抑自己的情绪，也不要强行控制自己的情绪，因为那样可能会造成情绪反弹，毕竟你没有真正地调整好自己的情绪。我们要做的是找个安静的地方，慢慢地沉下心来，感受下自己内心的真实状态，告诉自己："我现在很生气、委屈、伤心，这是很正常的事情，我需要发泄情绪。"不要对自己进行批判和否定。等到你的内心平静下来，接受了自己的负面情绪时，就会意识到自己的情绪已经得到了平复，不再像之前那样控制不住了。这时，你就可以进行深层次的思考，为什么会产生如此强烈的负面情绪。

　　此外，你可以把负面情绪向好友或者家人倾诉，不要自己憋在心里，说出来心情会舒适很多。如果倾诉还不够的话就大哭一场，或者做一些运动，这种让身体感到疲惫的方式非常有利于注意力的转移。一旦你不再专注于负面情绪的困扰，自然就会感受到精神的放松。如果我们对负面情绪置之不理，情绪就会越来越低落，很容易形成恶性循环。

　　做一些自己感兴趣的事情也是调节情绪的好方法。不要让自己总是胡思乱想，吃点美食、听段音乐，放松一下紧绷的神经，这样，你的身心都会感到愉悦。最重要的是，在做这些事情的过程中，我们的注意力会慢慢地从引发负面情绪的事物上转移，负面情绪自然也会慢慢地消解。

消除负面情绪后，你将会收获一个更加强大的自己。

第六章

专注：远离分心障碍

充足的睡眠习惯是提升专注力的前提

生物学者乔治·居维叶说："注意力就是知识的窗户，没有它，知识的阳光就照射不进来。"专注力不仅对我们成就事业有很大的帮助，即使是在生活中也有着十分重要的作用。很多人从学生时代就开始着重培养自己的专注力，长大之后依然保持着某些好习惯和好方法，这对他们的人生之路起到了至关重要的作用，那么，我们应该如何培养自己的专注力呢？

科学数据表明，睡眠不充足的人很容易产生注意力涣散的问题。如果晚上十二点还不睡觉，那么第二天工作和学习时就很难保证最佳的精神状态。除此之外，睡眠不足还会加大我们患病的风险。据调查显示，睡眠不足的人患癌症的风险是正常人的六倍，患脑出血的风险是正常人的四倍，患上心肌梗死的风险是正常人的三倍。由此可见，睡眠时间的缩短，绝不仅仅是一个小事情，应当引起我们的重视，否则无异于缩短自己的寿命。此外，平时睡眠不足六个小时的人，与每天睡眠七到八个小时的人相比，死亡率要高出近三倍。

有些人工作很忙，一星期有好几天要加班到很晚，所以睡眠时间不得不相应地缩短。但是，通过缩短睡眠时间来延长工作和学习的做法，看似是努力的证明，事实上却是得不偿失的。因为这样的做法，不仅是工作、学习效率低下的表现，还会严重危及我们的身体健康，甚至是生命。

熬夜之后，白天的专注力会急剧下降，这也是很多人工作效率低下的原因。专注的时间减少，第二天工作的积极性就会大幅度降低，从而导致工作时间的延长。长此以往，就是一个恶性循环，如果不能加以重视，那么这迟早会变成一个死循环。

手机现在已经成为人们日常必不可少的工具，很多人在睡觉前都会看看新闻或者电视剧。无论看什么，一旦控制不好时间，很容易超时。明明计划只看半个小时手机，结果一个小时就这样过去了，而原本的睡眠时间就这样被占据。由此产生的后果就是，要么第二天按时起床，但是一天的精力都不足，专注力也会下降；要么闹铃响了也起不来，最后出现迟到的问题。

一位专家对六岁到十七周岁的学生进行了调查。调查显示，每日睡眠不足八小时的学生竟然占比 62.9%。所以，缺少良好的睡眠习惯，几乎已经成为时代标志。

其实，专注力和睡眠不足之间，有着很重要的关系。多项研究证实，长时间的睡眠不足，对专注力造成的损害，是很难通过后续的睡眠补回来的。

因此，当务之急是，绝对不能再让缺乏睡眠破坏我们的专注力了！

大脑的每个区域都有着不同的功能，有的负责运动功能，有的负责视觉功能。而专注力会把感知集中在一个特定的领域，同时抑制其他区域。睡眠是影响专注力水平的重要因素之一，因此，对专注力的调节成了睡眠的重要功能。《神经科学杂志》曾经发表过一篇研究文章指出，如果睡眠不足的现象持续发生，蓝斑神经元会受到损伤或者丢失。除了蓝斑核[①]受损以外，大脑额叶的认知功能和脑组织也会受到一定程度的损害等。这些区域的损坏，都会对专注力造成非常严重的影响。

专注力是获取信息的起始点，是我们获得认知能力的基础。根据研究显示，每晚的睡眠时间少于八小时的学生，第二天的思维会比正常睡眠的学生迟钝，学习时很容易注

---

① 蓝斑核是位于大脑前庭的一个神经核团，它能够调控我们对事物的专注力和觉醒状态，同时它还与应激反应密切相关。

意力不集中，理解力也会有所下降，时间长了就会跟不上其他同学的进度。

这就是为什么长时间缺觉会让我们思维停滞，反应慢，反射弧变长。最可怕的是，很多人已经把熬夜当作了一种习惯状态，完全没有意识到睡眠不足对自己的专注力造成了怎么样的损害。

刘思有个乖巧可爱的女儿小美，聪明伶俐深得家人和同学的喜欢。刘思对小美也是宠爱有加，但令刘思很是烦闷的是，每天晚上小美总是吵闹着玩到深夜，不愿意去睡觉，无论谁劝都不听。

一天晚上，刘思的妹妹刘敏来到她家，小美一见小姨来了，立马兴奋地飞奔过去，叫道："爸爸妈妈，小姨来了，小姨快来和我玩吧。"

刘敏也很喜欢小美，便陪她玩了一会儿游戏，转眼已经过了两个小时，眼看快到九点，刘思便催促小美去洗漱，九点半要上床睡觉。但是小美正玩得高兴，怎么也不肯听妈妈的话去洗漱，一边闹别扭，一边说道："我再和小姨玩一会儿，就一小会儿，然后就去洗漱。"

刘敏也在一旁劝道:"小美要听妈妈的话,你要是睡得晚明天该起不来了,上学就会迟到,老师要批评你的。"

刘思说道:"你这孩子,总是跟我吵着说不睡觉,上课的时候精神不好还能学好知识吗?有几次老师还特意跟我说你上课的时候不好好听讲竟然在睡觉,真是越来越不听话了。"

听到妈妈和小姨的话小美终于放下了手中的玩具,乖乖去洗漱睡觉了。

像小美这样晚上只顾玩乐不睡觉的孩子还有很多,这也是让很多家长头痛的事情。在一个孩子的成长阶段,睡眠对其有着非常重要的影响。孩子一旦专注力不足,就会在上课时无法集中精神,爱做小动作,对学习内容无法有效理解消化,以至于做作业时也拖拖拉拉的,最后导致睡眠时间被挤占延后。专注力就这样在无形中被消耗!

睡眠不足会给我们带来哪些消极影响呢?

众所周知,年龄越小所需要的睡眠时间就越多,睡眠不足很容易阻碍孩子认知能力的发展。除此之外,从心理学的角度来看,睡眠处在人类生命金字塔的最底端,可以说是我们生存最为基本的保障条件。这种最低层次的需要如果长期得不到满足，就会引发精神上的抑郁、烦躁、焦虑、沮丧等情绪问题。轻则影响学习和工作成绩；重则会使人的情绪变得反复无常，身体健康受到影响；更有甚者会因情绪不稳定而冲动易怒，对他人极具攻击性，最后毁掉自己的人际关系。

因此，我们要想通过专业科学的训练提高专注力，就必须从根本上解决拖延睡眠时间的坏习惯，把负向循环往正向循环转变。那么，如何才能提高睡眠效率呢？我们应该着重做到以下几点：

1. 不要等到困倦不堪时再睡

通常出现揉眼睛、打哈欠的现象时就是身体在暗示我们应该睡觉了。这个时候，我们应该开始进行洗漱等睡前事务，关闭手机或者将其调成静音模式，营造一个舒适安静的睡眠环境。

及时入睡是非常重要的生活习惯，千万不要等到困倦不堪的时候才入睡，那样会给精神带来负担。当我们的大脑在前一秒还处于兴奋状态时，下一秒就直接进入睡眠状态，会损害睡眠的自我调节功能。所以，当我们感受到睡眠信号时，就应该开始准备进入睡眠。

2. 形成固定的睡眠时间

良好睡眠习惯的养成，最重要的一点就是要形成固定的睡眠时间。每个人都有一个属于自己的生物钟，它对我们的身体机能起着重要的调节作用。每天睡眠的时长、入睡时间和醒来的时间都是生物钟的一部分，如果我们睡眠健康、作息规律，那么生物钟就会保持一种稳定的状态，否则会产生紊乱问题，而我们的身体也会出现各种疾病，并出现亚健康的状态。

3. 营造良好的睡眠环境

在睡觉之前，很多人都会躺在床上看手机，这是一个非常不好的习惯，因为手机会刺激我们的大脑，非但不能让我们进入休息状态，反而会使我们的精神状态更加亢奋。那么正确的做法是什么呢？为了营造良好的睡眠环境，我们最好不要将电脑、电视机、太过刺眼的灯放在卧室里，在该睡觉前的十五分钟，把手机关掉，放在身体两米外的地方。这样的做法不仅在精神上对我们进行入睡的暗示，也为我们高质量的睡眠提供了保障。

4. 白天精神集中，睡前放空自己

失眠是困扰现代人的顽症，尤其是一些经常熬夜加班的人。"翻身翻到天光亮，数羊数到嘴发烫"是很多人的睡眠写照。明明大脑已经很累很困了，为什么还会出现这种现象呢？

事实上，在白天工作或者学习时精神过于放松往往会导致夜晚的失眠。很多人在白天的时候把更多的精力用在购物、聊天、看电视上，到了晚上开始加班加点地工作。所以，为什么不能很好地进入睡眠状态就可想而知了。还有一些失眠的人喜欢在睡前胡思乱想，焦虑明天的工作、思考学习中遇到的问题，纠结自己的人际关系等等，这只会让我们的大脑一直处于高速运转中，很难放松下来。因此，我们应该在白天尽量做到精神集中地处理事务，睡前放空自己保持平静，这样才能获得高质量的睡眠。

无论何时都要学会自我减压

人生在世，没有人会一帆风顺，总会经历风风雨雨。我们在心情低落或者伤心沮丧的时候，不应该轻言放弃；在遭遇坎坷和挫折的时候也不要怨天尤人。问题总是有的，重要的是想办法解决；压力也是在所难免的，重要的是坚信自己有能力战胜困难。自我减压是现代人成长道路上保持良好心态的重要手段。而学会了减压，也能让我们更加专注自身的发展，无论是人际交往，还是工作学习都能事半功倍。

小新是一名初三的学生，初一和初二的时候他一直是班级排名前十的尖子生，但是到了初三不知为何上课的时候总是精神不集中，成绩也开始出现明显下滑。眼看着从班级的前十名逐渐跌落至二三十名，小新心中很是焦急，父母给他报了很多的课外补习班，但还是改变不了小新不能集中注意力学习、看书静不下心来的现状。

　　眼看期中考试就要到来了，小新的情绪更加焦躁不安，看到书本脑子里也是一片混乱，越是告诉自己要静下心来压力就越大，就好像思想在受别人的控制一样。为此，父母和小新都十分苦恼，不知道该如何是好。

　　作为一名学生，学习自然是重中之重的要务，但是如果让学习变成了束缚自己心绪的压力，那么就很难体会到学习带来的乐趣，也容易给自身造成精神上的困扰。

　　很明显，小新同学上课不能集中注意力，很大一部分原因是心理压力过大。面临中考的学生们很难把成绩的好坏忽略，为了考一个理想的高中，很多学生昼夜苦读，起早贪黑，再加上老师和家长的期望，如果此时不能很好地疏解自己紧张的情绪，就很容易造成心理问题。

　　尤其是一些对自己的成绩看得很重的学生，更是会在无形中给自己施压，只能进步不能退步，一旦成绩出现了下滑就会紧张烦躁，心绪不宁，这必然会导致心理上的不堪重负。

　　学会给自己减压就是要保持一颗平常心，成绩固然重要，但是不能看得太重。付出总会有所收获，只要平时按照老师的要求认真听课，仔细完成作业，努力了，就问心无愧。不必总让忧愁妨碍自己的身心健康，平添烦恼。

据有关专家分析，造成学生注意力不集中的原因有很多，大致可以分成以下四种：

第一，是对学习的目的和意义认识不足。很多学生不知道自己为什么要学习，只是在老师和父母的催促下被动地学习，对所学的内容也毫无兴趣，只是机械性地完成任务，缺乏学习责任心，那么自然就难以集中注意力了。

第二，是在学习过程中受到了外界环境的干扰，比如周围的噪音、偶发事件、其他人的教唆等。这部分学生自制力比较薄弱，容易受到周围环境和氛围的影响，专注力比较差。

第三，是自身身体因素的影响，包括饥饿、疲劳、生病等。一些学生的身体状况不是很好，尤其是季节变换的时候很容易感冒发烧。人一旦生病，精神就会受到一定的影响，专注力自然不佳。

第四，是心理压力造成的情绪不安。比如畏难、紧张、焦虑、悲观、烦躁等不良情绪均可能导致精神的不集中，注意力的涣散。

上课的时候如果注意力不集中会对学生的学习产生很

严重的负面影响。因此，无论是老师还是家长都非常重视学生上课时的学习效率，而提高课堂学习效率最直接也是重要的途径就是集中注意力听讲。甚至有些教学理念认为，"课堂三分钟，课下十年功"，可见如果学生在上课的时候不能集中注意力听课，那么课下就要花费很多的时间和精力去追赶其他同学。

一些教学实践也表明，学习成绩好的学生与学习成绩差的学生之间最明显的差异不是课后花了多长时间做练习题或者上辅导班，而是上课时注意力是否集中。学习成绩好的学生，通常能够集中精神听讲，并且跟着老师的思路来思考问题，很少会受到外界的干扰刺激，即使有一些走神，也能很快调整过来。而那些学习成绩差的学生往往无法长时间集中注意力，一旦外界有一点声响或者刺激，就很容易分心分神。

在我们的生活中，压力的形式是多种多样：工作的繁忙、健康的危机、夫妻或者情侣间的争吵，还有对当下的不满和对未来的迷茫等。如果这些压力以你现有的条件下无法消除，那么就尝试改变应对压力的方式吧，这样可能更有益处。就像我们常说的，即使你不能改变周围的世界，但你还可以改变自己。面对压力时，不要逃避，也不要怯懦，保持淡定和平和是最佳的应对方式。

俗话说得好，张弛有道，一切方得长远。那么，在我们心情躁动不安的时候如何进行自我安慰和心理疏导呢？

首先，合理规划是减少压力的途径之一。

有研究表明，压力过大是导致大部分人失眠的重要原因之一。很多人熬夜失眠是因为在生活和工作中总是有做不完的事情，没有进行条理性的规划和梳理，从而导致一团乱麻地堆积着。因此，这就要求我们要将注意力放在当下最重要的事情上，而不要在琐事上浪费过多的时间。当我们因为事情太多而不知从何做起的时候，不妨先用笔记录下所要做的事情，再将其按重要程度进行排序，对处理的时间做一个大概的规划，以此来减少自己的紧张感和焦虑感。

其次，适当发泄有助于压力的释放。

如果你的焦虑情绪和心理压力已经堆积了一段时间，而你还没有找到可以缓解的出口，那么不妨试试把负面情绪发泄出来，否则很容易产生心理疾病。比如，你可以去没有人的地方大声喊出你的烦恼，或者到健身房打打拳、跑跑步，或者和朋友诉说心中的苦闷等等，这些都是可以调整情绪，发泄郁闷的好方法。如果有了压力还要强撑下去，就会形成恶性循环，让人深陷焦虑的情绪中不能自拔，加剧内心的不安和焦躁。

每个人的抗压能力都是有限的，一旦压力超过了自身的极限就很容易产生负面问题。当你的内心感到不安的时候，可以尝试背诵或者朗读一些振奋精神的话语来缓解自己的情绪，从而达到自我安慰的效果。

法国作家大仲马说过，人生是一串由无数小烦恼组成的念珠，达观的人是笑着数完这串念珠的。很多人没有逃出负面情绪的牢笼就是因为不会适当地排遣压力。因此，我们不能让负面情绪在内心积累，无论什么时候，都要懂得发泄，这样才能在人生的道路上迎接美好和快乐！

第三，练习专注——让身心达到平静的状态。

专注，是让注意力集中的方式。古人常说修身养性，即使周遭喧闹的环境中，自己的内心也要保持一方净土。你可以尝试静坐一会儿，同时让呼吸尽量变得平缓起来，在吸气和呼气的时候保持片刻。这短暂的片刻将十分有助于我们在精神即将涣散的时候凝神静气，收束心神。

如果你喜欢音乐，还可以放一些舒缓柔美的音乐。音乐可以有效帮助我们缓解肌肉的紧张、保持心神的镇定。多倾听那些能引领你进入专注的世界并带来心理安慰的音乐，这会让你的身体更加放松。

　　每个人都是与众不同的，每个人的压力源头也都是多种多样的，不同的人要选择不同的放松方法。在生活中，我们都不可避免地会遭遇一些烦心事，如果能够解决问题，并缓解来自外部的压力，那么无疑是最好的；如果改变不了现实，我们就要采取合适的减压策略，让自己走出低迷的状态。

身心放松，意念才能集中

随着时代的不断发展，生活节奏变得越来越快，人们为了适应高强度、快节奏的现代生活，身心健康受到了越来越大的冲击，从而导致原本轻松和谐的生活节奏被打破。很多人在物质生活上得到了极大的满足，但是在精神上却总感觉无助和空虚，这也造成了他们对生活和身边的人事物的麻木，缺乏专注的意念和积极的心理。

在精神高度紧张的情况下，我们很容易出现一些应激反应，比如经济的拮据可能导致夫妻感情的破裂；亲友的突然病故会造成很难愈合的心理创伤；和同事相处出现矛盾可能导致人际关系的紧张……

应激反应会对人体产生的影响是多方面的，不但会影响我们的生理健康，严重的还可能引发长久的心理疾病。对此，很多专家建议要适当地做些放松的训练，这样不仅有助于改善应激反应，还可以增强我们的意念，到达心神合一的境界。如此一来，我们的专注力自然也会得到极大的提升。也就是说，在我们的身心因为压力和刺激而疲惫不安时，放松训练可以适时地来拯救我们的身心健康，让身体机能和精神状态恢复到最佳状态。

当我们进入放松状态时，大脑中的交感神经的活跃度就会降低，随之而来的身体的骨骼肌张力也会逐渐下降，也就是说此时肌肉会得到放松，我们的心率和呼吸频率就会逐渐变慢，血压也会逐渐下降。而此时，我们头脑却会越来越清醒，四肢会感觉到轻松，整个身体会产生舒适的感觉。

与此同时，副交感神经系统的活动功能会随之加强，并且促进合成代谢有关激素。在放松训练之后，通过神经、内分泌及植物神经系统功能的调节，机体的各方面的功能都得到了改善和提高，从而有效地增强了身心的健康。

其实，放松运动很简单，有的人习惯在健身房中进行运动，这是一种相对安全的运动环境，有教练可以指导，避免我们做一些错误的动作损伤身体。在健身房中，我们可以跑步、游泳、做拉伸等，都是很好的选择，既缓解了肌肉的疲劳，又增强了体质和耐力。

如果我们没有去健身房的条件也没有关系，很多运动在家里也是可以完成的，省时省力，简单易行，效果也是显著的。下面我们就做一个全身放松的运动吧。

　　首先，我们可以以一个自己觉得舒适的姿势坐在沙发或床上。然后轻轻闭上双眼，将注意力集中到头部。闭上嘴巴，轻轻咬住牙关，让面颊有种紧绷的感觉。再将牙关慢慢松开，这时仔细感受一下面颊的肌肉是否产生了松弛的感觉。

　　做完脸部的放松运动后，把刚才集中的注意力转移到颈部，先尽量使脖子的肌肉产生紧张感，这时你可能会感觉到酸痛，然后慢慢转动脖子，放松肌肉直到觉得轻松为止。

　　接下来是手部的放松。此时我们要将注意力集中到双手上，先用力紧握，直至双手发麻、感到酸痛，然后将两手逐渐松开，放置到自己觉得舒服的位置，并保持不使力的状态。

　　再然后我们把注意力集中到胸部，先深深地吸气，憋一两分钟，再缓慢地把气吐出来；再吸气，吐气，反复几次，直到胸部感觉到轻松畅快。

　　依此方法，随后将注意力集中在肩部、腹部、腿部以及双脚，逐次让肌肉和骨骼得到放松，直到全身都感受到了轻松的状态。最后我们可以侧卧躺下，让身体进入休息状态。如此，一套完整的身体放松法就做完了，每日早晚照此方法操作两遍，持之以恒，必然会使我们的心情及身体得到放松和休息。这种放松训练的方法，需要反复练习才能起到最佳的作用，一旦你掌握了这种方法，就能在短时间内达到身体轻松、心态平静的状态。

对于那些面对压力身体就会产生紧张感的人们来说，通过积极的方法来放松身体更为重要。紧张感源于身体的肌肉在向你发出信号，告诉你它们需要休息了。比如，如果你长时间坐着并且感到肩部和腰部十分紧绷，那么你可以一左一右或者同时向上耸肩直到耳部，收紧颈部和肩部的肌肉，每一次耸肩坚持三十到四十秒的时间；然后慢慢放松下来，让肩部缓缓地自然下落，使肩颈的肌肉得到适当的放松。重复这个步骤两到三次，直到你的疲惫感消失为止。

运动对于每一个人来说都是十分必要的，适度的运动不仅可以让我们保持每一天的美好心情，更重要的是可以让我们提高自身的免疫力，拥有好的体力与精力。运动可以提高人体内的内啡肽水平，从而让我们能够保持良好的心情。除此之外，运动过后，肌肉会产生大量的热能，我们的体温就会逐渐上升，这就意味着我们更容易进入深睡眠状态，身体能够更加放松。

因此，无论什么是类型的运动，只要你坚持下去，就可以不断改善并提高人体各个器官的机能，让我们整个人精神百倍、神清气爽。

如果你的身体不能进行大量剧烈的运动，比如跑步、拳击、跳绳等，那么可以尝试上述的放松训练。这种训练方法不仅可以锻炼我们紧张的肌肉，同时还能够让心理放松，起到身心结合训练的目的。

在身体运动的同时辅助呼吸练习，非常适合在睡觉之前练习，经过一段时间的训练之后，可以对失眠、焦虑症、紧张性头痛等生理或者心理的疾病有所帮助。

在进行训练之前我们要先做一些准备活动。首先，要找一个安静舒适的室内环境，比如你的卧室。穿上比较宽松的衣服，不要让身体有被束缚的感觉。然后，从上到下依次放松我们的身体，要让肌肉和骨骼都得到充分的放松。

在这个训练中，呼吸的节奏和频率尤为重要。我们要平静而有节律地进行深度呼吸，吸气时让胸腔得到充分的扩张，隆起腹部，呼气时让腹部凹陷下去。随着呼吸的节奏，我们开始放松头部。让头朝向后方倾斜，拉紧后颈部的肌肉，这个姿势保持十秒钟后还原到正中位置放松。随后头倒向右边倒，努力使之触及右肩，保持十秒钟后还原到正中位置放松。接着，头倒向左边倒，保持十秒钟后还原回来放松。颈部放松后，你会感觉到微热和舒服感环绕在颈部。然后开始放松肩部的肌肉，向上做耸肩运动，肩部尽量做到触及耳朵，保持十秒钟后放松，重复这个动作三次。双肩尽可能向背后拉伸，让后背紧张的肌肉群尽量合拢，保持这个姿势十秒钟后放松。接着，双肩向前并拢，保持该姿势十秒钟后放松，重复三次。体会自己的呼吸变得轻松而沉稳。收紧腹部四周的肌肉，同时把胸部压低，保持平稳状态，十秒钟后放松，重复三次。收紧臀部两侧的肌肉群，坚持十秒钟后放松肌肉。用力收紧大腿的肌肉，可以在双膝中间夹住一张纸，使肌肉保持紧绷状态，坚持十秒钟后放松。尽力让脚跟下压，以收紧小腿的肌肉，保持十秒钟后放松。用力卷起脚趾，尽量让脚背拱起，保持动作十秒钟后放松。

这些都是对我们放松非常有效果的方法，在你感到疲劳的时候，尝试使用，能够让你在疲惫和压力中更快速地恢复活力。

集中注意力，才能保持最佳精神状态

专注力是我们走向成功的起点，无论是日常生活、学习还是工作，如果做每件重要的事情都能够保持专注，那么再困难、再看似不可能完成的事情都将成为可能。要知道，即使是万人瞩目的传奇投资家沃伦·巴菲特，也把自己的成功归结为"专注"。

集中注意力的益处是显而易见的，短时间保持专注也不是很难，难的在于长时间集中注意力。要知道，这才是我们重塑、改善大脑使其保持最佳精神状态的重点。

其实，很多人也许都不知道要想提高专注力，第一个途径就是要训练自己的耐力，只有持久的耐力才能为我们的专注之路保驾护航，否则无论做什么我们都很容易半途而废。

运动是一个最简单的训练耐力的方法，我们可以先适量地做一些力所能及的运动。比如，第一天你可以根据自己的身体状况做十个俯卧撑，有可能到第八个的时候你的身体已经感觉到了疲惫，但是希望你可以坚持住，做完十个完成今天的任务。五天之后，你的身体已经适应了这种训练强度，那么就可以把数目提升到十五个，十天之后再继续增加，那时候你的身体耐力就会随着训练不断攀升，而在不知不觉中，你的精神耐力也得到了锻炼。在这一过程中，逐渐地去延长你的耐力，不断突破你的极限，日积月累，你的精神面貌自然就会焕然一新。

在我们成长的阶段，应该着重培养自己的专注力，方便将来能够专心、高效地做事情。这也有助于极大地提高我们做事情的持久力和忍耐力，让我们在未来的道路上拥有一颗锲而不舍的恒心。

专注力不够，在一定程度上与我们的体力不足有着直接的关系。日本著名作家村上春树曾经说过，他能够长期专注于写作的秘诀，其中有一点就是坚持跑步。村上春树在《当我谈跑步时，我谈些什么》这本书中做了关于自己跑步的记录：每周跑步六天，每天十公里，剩下的一天可能懒惰不想动或者遇到下雨等天气，如此坚持下来很少间断。确实如他所说，从1982年开始，村上春树每天持续跑步至今，并且每年至少参加一次全程马拉松。

专注不仅是脑力劳动，更是体力活儿。所以，每天抱怨自己又长胖了的我们，不妨多参加一些自己喜欢的体育运动，比如篮球、游泳、网球、长跑等。如果条件允许的话，还可以请个专业的教练，每周进行规律性的训练，避免在运动中受伤，相信在教练的指导下，你的体能会越来越出色，专注力也会随之提升。

运动需要我们调动全身的协调能力，要求身体行动和思维的高度统一，每天在固定的时间进行运动，并且长时间坚持下去，是提高专注力的具体有效方式。

平时在家里也要充分活动起来，全身都要进行适当的锻炼。现在网上有很多健身视频，我们可以自己跟着学习并进行练习，但是难度过大的动作还是要在专业老师的指导下进行。

想要提高自己的专注力，长时间地进行高效的学习或是工作，耐力是同样重要的。这世界上没有任何捷径可以让你一蹴而就，所以脚踏实地地去努力、去坚持吧，只有不断地训练才能有所收获。

注意力不能很好地集中，很有可能是因为你的大脑一团乱麻，思绪不清。所以想要提高专注力，第二个途径是要合理规划和定位自己的目标。

许多人都会抱怨自己的生活，觉得付出并没有得到相应的回报，最后就一味地怨天怨地，随波逐流。之所以会这样，很大程度上是因为对自己的生活缺乏合理的认知和规划。不知道自己为什么工作，不能坚持一件事直到把它做到尽善尽美，致使最后浑浑噩噩，半途而废。

每个人的潜力都是被逼出来的，重要的是我们自己要对自己有清醒的认知。

在做事之前，要先想明白自己为什么要这么做：从社会和国家的角度来说，我们今天的努力学习和工作是为了创造更加美好的明天，希望能成为对家庭、对社会有用的人；从个人的角度来说，我们辛苦劳作的这一天、这一个月甚至这一年都完成的任务，应当对自身的能力有所提升，并不断自己制定的目标。

只有在目标清晰明确的情况下，我们的大脑才会把它印在脑子里，时常提醒我们要激励自己朝着目标前进。有了目标只是第一步，还要学会给自己规划一下每个时间段集中注意力要完成什么事。只有明确了具体的任务，才能找到前行的方向，也才能有条不紊地专注做事。

很多人之所以注意力不集中，容易走神，还有一个原因是面对的任务过于困难，或者过于简单。

我们每个人的能力不是不尽相同的，有的人能力很强，短短的几个小时就能完成一天的任务，然而，还有一些人由于知识和技能掌握的局限，经常要加班加点才能完成和他人一样的任务量。因此，如果坚持工作一段时间后出现注意力涣散、困乏等现象时，不要强撑，要适时地转移一下自己的注意力，否则迷迷糊糊地继续只会浪费更多的时间。

缓解疲劳的方式有很多种，比如工作或者学习了一段时间之后就站起来活动一下，还可以喝杯水或者咖啡，长时间保持一种状态无论是身体还是精神都很难不出现紧张和疲劳状态。值得注意的是，一旦你发现自己的注意力不能集中，出现了困倦、涣散的状态，一定要及时改变，不要任由这种状态持续发展下去，不然你的效率就会大幅度降低。

如果工作或者课业是比较容易的，也很容易让我们产生注意力不集中的状态，因为越是简单，就越不会重视。很多学生在做一些比较简单的习题的时候很容易分心，经常一边玩一边做，看似是很轻松悠闲，实际上却花费了更多的时间，还经常会因为粗心大意而出错，简直得不偿失。尤其是不能一边听歌，一边做事情，耳朵听到的东西也会让我们的精力分散，思维很容易被歌曲吸引，思路就会被打断。正确的做法是，一次只做一件事情，无论多么简单的题目，都应该聚精会神认真完成，松懈拖沓是要坚决杜绝的。

注意力不集中还有一个原因是精神状态的影响，因此想要集中注意力首先要保证自己得到了充分的休息和睡眠。可以说，如果没有一个好的精神状态，那么你再怎么努力地去集中注意力，得到的效果也不会太好。因为我们的注意力不光是主观上的控制，在你的大脑已经十分疲劳的状态下，它是不会听你的思想指挥的。

大自然已经安排好了我们人类的作息时间，古代的人们日出而作，日落而息是十分符合大自然和人体规律的。因此，白天的时候我们要认真工作和学习，提高单位时间的学习效率，不要用占用夜晚睡觉的时间去做本应该白天完成的工作和任务。夜晚的时间就应该用来休息，否则第二天头脑昏昏沉沉也很难打起精神。

此外，午休也是给我们的身体充电加油的好方法，中午小睡十几二十分钟，下午的精神状态就会得到明显的改善，而如果中午的时间用来打游戏或者玩手机，那么一整个下午或许都很难集中精神投入工作。

第七章

提高专注力，要掌握正确的方法

如何在短时间做到专心致志

保持良好的专注力，是我们的大脑对事物进行感知、记忆、思维等认识活动的基本条件。在我们认识世界的过程中，专注力是打开心灵的门户，而且是极为重要的一个门户。这扇门开得越大，我们学到的知识和接受的事物就会越多。与之相反的是，如果我们的专注力不能集中，心灵的门户就会关闭，那么，有用的知识和信息就都很难进入我们的头脑中。

在正常的情况下，专注力会使我们的心理活动聚焦于某一事物，我们在接受一些信息的同时，也会忽略其他的信息，并集中全部的精神和心理力量用于所指向的事物。因而，良好的专注力是提高我们工作与学习效率的保障。而如果专注力出现了障碍，我们就很难将心理活动指向某一个具体的事物，或无法将全部的注意力集中到这一事物上来，也就会把一些精力放到其他无关紧要的事物上来。

很多老师在课堂上都会告诉学生们要聚精会神地听讲，思考问题时要专心致志，不能有丝毫的分神。如何把专注力集中起来，做到"聚精会神"和"专心致志"相信是学生和家长们共同关心的问题。

想要快速集中注意力其实是可以训练出来的，我国著名的数学家杨乐和张广厚在小时候就经常通过快速记忆和快速做题的方法来训练自己。

心理学家表示，有很多锻炼注意力的小游戏都可以达到提升我们注意力的目的。比如：你可以画一张有二十五个小方格的表。将一到二十五这二十五个数字打乱顺序填写在每一个小方格里。然后，尽你所能快速地在表格中按顺序找出一到二十五，一边读一边将它们指出来。在这个过程中记录下找全这二十五个数字的时间，一次一次不断地加快速度，通过长时间的训练，你的专注力自然就会得到提升。

有专家在对不同年龄段的儿童和成人进行研究后发现，年龄越大注意力越容易集中。实验中，儿童和成人需要按顺序找出每张图表上的数字，儿童的平均用时为四十到四十二秒；而正常成年人的平均用时为二十五到三十秒，少数人可以只用十几秒。

因此，如果你想提高自己的专注力，不妨多制作几张类似这样的训练表，每天对自己进行训练，时间长了，相信你短时间集中注意力的水平一定会得到相应的提高。这个小游戏同时也是告诉我们做任何事情的时候，头脑中尽量只想着这件事，不要三心二意，还惦记其他与此无关的事。将自己的全部思绪和精力都集中于此，这就是聚精会神和专心致志的要义所在。

当我们出现专注力不足的情况时，是否可以自己采取措施改善呢？要知道，造成专注力缺失的问题，除了人类内耳中主管头部平衡运动的前庭系统失调、身体的反射神经整合不良等情况需要专业医师处理外，一般是可以自己通过听觉和视觉两大感官系统的干预而提升的。

有研究表明，人的大脑每天通过五种感官接收外部信息的比例分别为：视觉 82%、听觉 12%、嗅觉 3%、触觉 2%、味觉 1%。学生在听、说、读、写的学习过程中，接收视觉信息与听觉信息占 85% 以上，可见，视觉与听觉对我们认知事物有多么重要的影响。因此，有效地提升视觉与听觉对我们快速集中注意力有着极为关键的作用。

前文中所讲述的数字小游戏就是一个典型的视觉训练法，而在听觉训练方面，我们也可以通过一些有趣的小游戏来实现。

对于听觉的训练，我们可以用倒念的方式来增加听觉难度，这也就要求听者更加集中注意力，否则很有可能听错。念的一方先念出一组数字或者文字，比如"3581"或者"化肥发灰"，然后听的一方要按照相反的顺序念出来，对应的就是"1853"和"灰发肥化"。是不是看起来很简单，但是实际做的过程中却不容易。在开始玩的时候我们的大脑需要一定的反应过程，熟练了之后，就要求我们加快倒念的速度，长此以往，专注力就会有突飞猛进的提高了。

提升视觉和听觉专注力的方法还有很多，短时间内集中注意力作为一种特殊的素质和能力，不是一蹴而就的，我们不妨多进行一些尝试，相信只要坚持训练就一定能有效提升自身的专注力。

当我们给自己设定一个要提高专注力的目标时，就会发现，通过对自己的不断暗示，在很短的时间内，集中注意力的这种能力会发生非常迅速的变化。信心是我们意志力的强有力的保障，对自己有信心，相信自己通过训练可以比过去更加善于集中注意力，这种信念是十分重要的。一旦我们确立了这种自信力，不论做任何事情，我们都很难受到外界的干扰，并且能够坚定地集中精神完成要做的事情。

比如，假如你是一名老师，你接到学校安排的一个工作任务，要在一天的时间内准备第二天要上的新课的内容。这就要求你在有限的时间里，把一堂课的新内容记下来，并且能够讲述给学生们。当你有了这样一个任务目标时，你的潜意识就会产生一个必须完成的信念，注意力自然就会高度集中，于是，你就会排除各种干扰，专注于备课这件事情。

我们知道，军事上有一个常识是，在作战的时候集中兵力往往比把兵力漫无目的地分散开要更加容易取得战斗的胜利。因为过于分散的兵力，防备是十分松懈的，如此一来就会被敌人分别围剿歼灭，最终溃败。而当兵力集中在一处的时候，往往很难被敌人轻易攻破，得胜的概率也会大增。

这与我们的学习、工作和生活是一样的道理，将自己有限的精力无目标地分散开来，结果很可能是什么也做不好。

因此，学会在适当的时候将自己的精力集中起来，这是一个成功者的必备的素质。要想培养自己的这种素质，坚定信念和目标是第一要务。

坚定信念还要求我们不要被他人过多的干预而影响。一些孩子在小的时候可能就常常被父母批评注意力不集中，不能好好听讲。家长在与其他孩子的父母交流的过程中，他们也会说："你家孩子又听话学习又好，看看我家孩子，上课总是开小差，不认真听课，也不爱做作业，都不知道怎么办好……"长此以往，很可能会给孩子幼小的心灵蒙上阴影，并且自己也会认为自己确实存在问题。

所以，即使你目前存在这样不能集中精神的问题也不要放弃自己，要努力改变自己的状态。对于绝大多数人而言，无论年龄大小，只要有这个信念，相信自己能够迅速提高专注力，并且掌握切实可行的方法，就一定能够获得成功。

东晋大文学家陶渊明有诗曰："结庐在人境，而无车马喧。问君何能尔？心远地自偏。"一些优秀的军事家即使在炮火连天、敌军马上就要兵临城下的情况下，依然能够临危不惧，注意力高度集中地指挥作战，判断局势，并且做出关系到战役成败的决策。这种在生死关头还能抗拒外界环境干扰的能力，就是我们所说的专注力。而如今的我们，在面对嘈杂的环境时，也要保持一颗镇定、安稳的心，摒除一切杂念，做好自己该做的事。

有时候，我们的内心不能安定下来，不是外界的喧嚣所致，而是源于我们内心的情绪波动。有的时候并不是周围的其他人在骚扰你，而是你自己心中有各种各样是非杂念在作祟。要去除它们，也是我们要进行训练的。如果你就想这样浑浑噩噩、庸庸碌碌地过完一生，那么大可不必在意。但是，如果你对自己有所要求、有所期待，想做一个有所成就的人，就要具备这种事到临头还能够集中专注力的素质和能力，无论在什么样的环境中都能够排除外界的干扰，同时也能够排除自己内心的干扰。

有人说，要想给土地去除杂草，不是一根根拔去，就是种上庄稼。专注于眼前的事情，一心一意，外界的干扰便会形同虚设，很难影响到你。如果你在阅读一本书，就要跟着作者的思路走；如果你在听课，就要跟着老师的思路走；如果你在参加运动，就要记住每个动作的要领……这样全神贯注地做事，哪里还有闲心顾及其他无关紧要的人和事呢？

别让小事情消耗过多的精力

　　时间对所有人来说都是有限的，因此每个人的生命中都是极为宝贵的，可遗憾的是，我们总是在不知不觉中让许多无关紧要的事占据我们的时间。有研究调查表明，成年女性每年花在从包里找东西的时间累计长达六十个小时，而用在修剪指甲上的时间竟然长达数十个小时。像从包里找东西和剪指甲这样的事情，都是生活中极为琐碎的小事，每次也就需要两三分钟的时间，可是令人意想不到的是，累积起来所要耗费的时间也是十分惊人的。

　　很多时候，我们就是把时间浪费在了这些几分钟的小事上面。一些作者可能会有这样的经历，明明一早起来决定今天要写一篇文章，但是从起床开始先是做早饭然后要处理烦琐的家务，一晃就到了中午，还没坐下来开始动笔写几个字，就到了午饭的时间。好不容易吃完午饭收拾完碗筷，洗洗衣服擦擦地，给鱼换水给花浇水，好一通忙活，等到终于可以安心写作，已经是在吃完晚饭后了。但是一天下来虽然看似没有花费什么力气，但精力已经被消耗得差不多了，即使想要专心写作也很难进入状态，只能躺在床上感叹好像荒废了一天的时间，没完成的任务留到明天再做吧。

就是生活中这些细微的事情占据了我们大部分的时间，它们或许不是很急的事情，不需要我们在第一时间完成，有一部分也许是可做可不做的，但是堆在一起又让我们无法忽视掉。

这就是为什么很多人提倡极简生活的原因，如果我们将宝贵的时间和精力都花费在处理琐碎杂事上面，那么就无法全身心地投入到自己真正喜欢做、真正应该做的事情上了。

随着时代发展，极简生活主义已经逐渐走进了大众的视野，也开始被越来越多的人接受和认可。这是一个十分有实践意义的生活理念。事实上，无数的生活经验告诉我们，家里的衣服不是越多越好，外出的饭局不是越多越好，制定的目标不是越多越好。太多无效的事物和人际关系充斥在周围，精简掉一部分，才能活得自由快乐。

虽然你生活得非常努力，但最后总是没有回报，我们每天都在重复一些不重要的事情，从而浪费了真正应该高效利用的时间。是时候要让自己舍弃一些不必要的东西了，明白自己真正需要的是什么，专注于为自己而活，把生活变得更简单，是直面自己内心世界的必经之路。

修正自己，精简生活可以从减少身边不必要的物品开始做起。每年的"双十一"和"双十二"的时候，都会有很多人头脑发热地购买无数的商品，从衣服鞋帽到洗漱用品，从零食饮料到家用电器，等到货的时候却发现这些东西实际用途不是很大，退货又觉得可惜，只能摆放在储物间中，形同鸡肋。

小熙就是每年购物大军中的一位，不管有用没用，先买来再说是她一贯的购物宗旨。某年的"双十一"，小熙在网上看到了一款特别漂亮的水晶灯，立马就下单买了回来。

到货的时候，小熙兴奋地拆开了快递。那是一盏外表十分华丽的水晶吊灯，每一条珠链上都坠着闪闪发亮的菱形水晶，拿在手里沉甸甸的。但是还没等小熙兴奋的感觉消失，她就意识到这盏吊灯对于她的房间来说实在是有点儿大，也和屋子里的整体风格严重不符。并且这样华贵的水晶吊灯清洗起来也是十分不容易的，上面的吊坠形状复杂又繁多，想想就令小熙感到头疼。

　　于是，小熙捧着吊灯，纠结着要不要退货，但是又有些舍不得，最后只好安慰自己说："等以后有了大房子再把它安上就好了，这盏灯就先收起来放好吧。"就这样，小熙把又一个价格不菲但是用处不大的东西堆在了储物室里。

　　仔细想想，生活中有多少人都做过和小熙一样的事情呢？没用的物品太多，就会给我们的生活带来十分严重的负能量，也会消耗物品所有人过多的注意力。我们真正需要的东西其实很少，想要的东西越多，内心就越不容易得到满足。本该让我们感到快乐的东西，最后反而会成为困扰我们的源头，令人心中蒙上一层阴霾。

　　不仅我们身边的生活物品需要精简，我们的精神世界也需要精简。负面情绪很容易消耗我们的精力，如果调节不好还会释放出对人体有害的激素。摆脱消极的情感，专注重建积极的人生态度，当你对世界的态度由厌烦转变为喜爱的时候，你就会发现生活的美好，就会感受到源源不断的持久的精力让你充满能量。

　　在一项调查中，有研究人员发现内在的动机能够为我们提供更加持久的精力。也许金钱和名利是很多现代人追求的目标，但经过研究表明，当人们拥有的金钱超出基本需求之后，金钱对于幸福感的影响就会变得微乎其微。所以不要被欲望蒙蔽了双眼，我们要跟随自己的内心，依照正确的价值取向确立工作和生活目标。我们要思考自己内心真正想要的东西，探寻内在的动力源头，并为之付出努力，这样的人生才是完满的。

在忙碌的职场和个人生活中，很多人常常会感觉到力不从心，甚至精疲力竭。工作与生活的平衡是让现代职场人困扰的一件事。工作的时候经常会被生活上的琐事打扰，而在私人的时间里却又在处理工作上的事务。二者的界限似乎很难分清楚，于是我们在疲惫中逐渐迷失了方向，也迷失了自己，不知该何去何从。

自省，可以帮助我们直面自己的内心。《论语·学而》中，曾子曰："吾日三省吾身——为人谋而不忠乎？与朋友交而不信乎？传不习乎？"春秋时期，孔子的学生曾参勤奋好学，深得孔子的喜爱，有同学问他为什么进步得那么快。曾参回答说："我每天都要多次问自己：替别人办事是否尽力了？与朋友交往有没有不诚实的地方？先生教授的知识是否掌握了？如果发现做得不妥就立即改正。"

　　是什么消耗了你过多的精力？在年初的时候相信很多人都会给自己制定一个全年的目标：哪些事情是必须要完成的，哪些事情是自己想做的，哪些事情是可做可不做的，哪些事情是不想做的。在这些目标中，我们就要做出取舍，并且要努力地把精力用在想做的和必须完成的事情上。

　　在如今这个经济飞速发展的时代，时间和精力是我们珍贵的财富，对于不值得做或者没必要做的事情，就尽量不要做，否则很可能得不偿失——明明每天都在做事，都在努力，但现实最后却什么也没有得到，只有一种虚幻的满足。等有一天你终于从失败中清醒过来才发现，你依旧在原地踏步，应该做的事情一件都没有做，但生命的蜡烛却将燃尽。

　　无论是工作还是生活，我们都需要拥有一个清晰的目标，既不能没有目标，也不能目标过多，盲目去做导致最后一个也没有完成。多数人总是花费太多的时间处理当前的危机，完成他人的期望，把眼光局限在眼前的琐事上，这就极大地耗费了精力。每个人一生的时间其实都是很有限的，珍惜每一分每一秒，将时间和精力投放在有价值的事物上，让自己得到心灵上的满足，在事业和生活中大放光彩才是真正值得去做的事情。有标准、有条理地处理各类事务，减少不必要的慌乱，从而就减少了精力的浪费。

让自己有一种紧迫感

当我们有很多目标要去完成，当我们有很多任务还没有开始去做，我们会觉得时间不够用，这时就产生了紧迫感。人生是需要紧迫感的，否则时间就会如流水一般从我们的指尖飞逝而过。而正是因为有了这种紧迫感，我们才会有专注的动力，才会有珍惜的意识。

太过安于现状就会缺乏紧迫感，对工作的懒惰懈怠，对生活的漫不经心，都是因为对社会的发展和变化缺少认知，总想着安稳度日就够了。殊不知，随着科技和经济的飞速发展，一个行业可以在短短的半年时间迅速兴起，也可以在半年的时间没落下去。真正的紧迫感是，相信巨大的危机与机遇是并存的。

那么，我们如何才能摆脱这种缺乏紧迫感的困境呢？当你对事情保持专注的时候，紧迫感就会随之而来了。做事的时候集中精神，你就不会感觉时间过得缓慢，度日如年了。看电影的时候，如果全身心地投入到剧情当中，一眨眼就到了故事的尾声，让人感觉意犹未尽；而当我们无所事事的时候，就会感觉一分一秒都是煎熬。因此，只有让自己"专注"起来，才会有事半功倍的效果。

而我们大多数人缺少的恰恰就是专注力，在写报告的时候惦记着晚上更新的电视剧，在做 PPT 的时候又想着刚才写的报告数据不清晰，是否需要重新完善……这样的不专注导致了各种各样的问题，让我们不能静下心来好好工作，花费了大量的时间，看似付出了努力却没有得到高质量的回报。

苹果公司的创始人史蒂夫·乔布斯在斯坦福大学演讲时在给大学生的寄语中说道："十七岁那年，我读到这样一段语录：'把每天都当作你生命中的最后一天来过，总有一天，你会发现你是正确的。'从那一刻起，这句话每天都伴着我，成为我人生的座右铭。"由此我们可以看出，乔布斯始终保持着时不我待的紧迫感。强烈的危机意识和紧迫感是乔布斯取得成就的秘诀之一，也是我们实现理想的必备素质。正是因为有了这份紧迫感，他才能战胜无数的挫折和考验，与病魔进行艰苦的抗争，创造一个又一个神话，带领着苹果公司开创出属于自己的一个时代。

美国康奈尔大学的实验研究人员们曾经做过一

个非常有名的实验——青蛙实验。他们将一只青蛙毫无防备地丢进了沸腾的开水锅里。没想到这只青蛙的反应极为灵敏，进入锅中后，它就开始向外跳动，想要离开这锅沸水。

跳跃几下之后，当研究人员们觉得青蛙不可能跳出沸水锅时，奇迹出现了，就在千钧一发的时刻，这只青蛙竟然用尽了全力，突然一下跳出了滚滚的沸水锅。青蛙蹦到了地面上，就这样逃离了被煮熟的命运。

过了一会儿，研究人员又准备了一口同样大小的锅。这一次他们先是在锅中放了大约三分之二的温水，然后将刚才那只刚刚死里逃生的青蛙放到锅里。这一次，青蛙好像没有意识到危险，和之前的惊慌失措完全不一样，它在这锅温水中舒服地游戏着，看起来很是惬意。

接着，研究人员慢慢地将火调大，水温也随之不断地升高了。起先青蛙毫无感觉，一点也不惊慌，依旧能够适应的水的温度。可是不一会儿，水温逐渐升起来了，青蛙感到有些承受不住了，此时它想要努力跳出水锅，但是可惜的是，它无论如何也跳不出来了。最后，它只能浑身无力地躺在水里就这样结束了自己的生命。

这个温水煮青蛙的实验几乎无人不知，它告诉了我们一个道理：我们生存的环境是存在风险的，即使现在看起来很舒适、风平浪静，但是谁也不知道在不远的将来会发生什么样的变化。因此，我们千万不能被眼前的风景所迷惑，不要满足于现状，一定要保持紧迫感和危机意识，时刻准备着应对负面事件的发生。不然，我们就会和那只温水中的青蛙别无两样。而如果我们都能真正拥有紧迫感、危机感，善用危机管理自己，那么我们在做任何事情的时候都会充满激情，也就不会因为无所事事而不专心做事了。

真正的紧迫感是情绪的涌动，是一种从内心发出的急迫的感觉。回想一下你在什么时候最有紧迫感：是在快开学了还没有做完寒假作业而奋笔疾书的时候；是在报告会的前一天晚上没有做完数据分析而连夜写报告的时候；还是在考试的前几天还在为没有复习到位而焦虑不安的时候？每次将要到达最后期限时都是我们最为焦急的时刻，不得不逼迫自己在有限的时间去努力实现目标。而恰恰就是在这最后的时刻，我们可以孤注一掷地潜下心来，并且按时完成要做的事情，这就是专注的力量。

《孟子·告子下》中有云："生于忧患，而死于安乐。"这就是在告诫我们忧虑祸患能使人（或国家）生存发展，而安逸享乐会使人（或国家）走向灭亡。因此，不管是谁，只有在一定程度的紧迫环境中才能提高自身的效率。把时间花在应该要做的事情上，不再荒废人生，久而久之也就能提高专注力了。与之相反的是，如果人们总是在各种各样的诱惑中沉沦，在安逸的环境下不思进取，专注力便不能得到提高。

紧迫感既然如此重要，我们要如何提高自己的紧迫感呢？其实很简单，专注于每分每秒，不要得过且过，要把每一天当成生命的最后一天，要把每件事当作最后一件事情那样去完成。

提高人生紧迫感的一个很实用的办法就是制订计划。你可以根据自己的工作或者学习进度来制订合理的计划书。这个计划书可以按小时来制订，也可以是按天或者按周来制订。计划的任务一定要根据自身的条件来制订，否则是很难完成好的。

制订计划的目的是告诉我们在规定的时间内要完成多少任务，增强时间观念，给自己一个紧张感和压迫感，这样我们就会有意识地去专心完成任务。很多成功人士都有自己的工作计划和时间安排，每天的时间表基本都安排得满满当当的；而越是无所事事的人，越不会想到要制订时间表，因此很多时间就白白地浪费掉了。

很多人可能会觉得制订计划很是麻烦，而且就算制订出来了也不愿意去执行，但正是这种小事情使得人与人之间显出巨大的差距。因为你每天、每周、每月、每年都在重复自己庸碌苍白的生活，而那些有计划的人却是在不断地调整自己的目标和计划，不断地向着更高层次的人生迈进。

有这样一则寓言故事：

在一次狩猎中，一只野兔被一只猎狗追赶，野兔为了不成为猎狗的腹中餐奋力向前奔跑着。双方都跑了很远的距离，猎狗此时已经用尽了全力，最后也没能追上野兔。

远远地，猎狗冲着野兔喊道："兔子，你为什么跑得那样快。你看我不仅长得比你高，腿也比你的长，而且力气也比你大很多，可是为什么我最后没有追上你呢？"

野兔回应道："我怎么会让你追上呢？别看你比我的优势多，可有一点我比你更胜一筹，那就是我们奔跑的目的是不一样的。你追上我只是为了好好地大吃一顿，填饱肚子，而我奋力奔跑却是为了不被你吃掉！"

这则寓言同样告诉我们安于现状的结局，很可能就是丢掉自己的性命。要想获得成功，不被世界所淘汰，就要放弃一劳永逸的念头。只有时刻保持紧迫感和危机感，才能专注当下，一往无前，不荒废我们的青春年华。也许每个人的生命长度都是自己所不能控制的，但是生命的宽度则是掌握在自己手中的。

然而，增强紧迫感并不是要我们做事鲁莽、急功近利，而是要我们保持冷静的头脑，从过好每一天开始抓住机会找到我们前行的方向。与此同时，我们也不需要整日担惊受怕，过度紧张，否则就会事与愿违。

走进冥想的世界

随着周遭环境的变化，尘世越来越喧嚣，而人心也越来越浮躁。每日在城市里奔波，你是否很久没有安静地看一本书或者喝一杯茶了？每天在微博、微信里谈笑风生，是否很久没有和家人进行面对面的沟通交流了？

打开手机，视频、短信、新闻等纷繁的信息纷至沓来，让人分心的东西越来越多，让我们每个人都躲不开，逃不掉。大量的时间被切割成细小的碎片占据着我们的生活，外界环境似乎在阻碍我们的专注力。因此，即使想静下心来，专注地做想要做的事情也变得很是困难。

那么，我们应该如何改变这种现状，减少外界环境对我们的影响而做到专注呢？

其实专注力是可以通过练习获得的，一个最简单便捷并且行之有效的方法就是"冥想"。

提到冥想，我们就会想到在瑜伽中经常使用的冥想法，好像只是坐在那里一动不动。但是，真正的冥想是要求我们在闭眼静坐的同时在头脑中集中精神意念，专注当下。冥想的最终目的不是让我们的头脑中空无一物或者达到"无我"的境界，而是让心思不被其他事物所干扰，清除内心的杂念，从而达到净化意识的效果。

冥想随时随地都可以进行，只要精神专注，就不必拘泥于是何种的形式，即使你走在路上也可以进入冥想的世界。在冥想中你会感受到世界的美好，心情自然就会变得舒畅，排除了电子设备的干扰，精神力量就会迸发出来，整个人也会感觉焕然一新。

专注在当今的社会中是一种难能可贵的品质，让很多人可望而不可即。有人会说，我的工作离不开手机，每时每刻都会有领导、客户、同事发来的信息，所以随时随地都要关注手机的通知。其实，即使是如此繁忙的职场人也可以在上下班的路上把手机调成静音模式，放在口袋里，不需要太长的时间，暂时不去想你未完成的工作，把握当下的时间，和自己待在一起，你会发现在那一刻真正放空的自己是前所未有的轻松和舒适。

每个人只要活着，大脑里面就会无时无刻充满着各种想法。我们不能专注的一个原因就是头脑里面时不时会出现各种想法，让我们不能忽略，因此不得不停下来去思考，去研究，去感受。于是，我们的精力就这样被这些纷繁的思绪牵着走了。当我们回过神来的时候，会突然发现时间已经在不知不觉中过去了一大半。

当一个人专注做事的时候，头脑中除了有和眼前的事情相关的想法以外，其他的思绪几乎都是处于自动屏蔽的状态。因此，无数人的经验告诉我们，要做到专注，第一步就是必须控制住自己头脑中的杂音，让它们停下来。

冥想就是一种可以很好地控制大脑杂音的方法。在一些心理学期刊中，专家们反复提及了一个事实，那就是通过冥想训练可以提高人们的注意力。如今市面上关于冥想的书籍非常多，很多健康课程也在大力推广冥想的修身方法。

当我们想要进行冥想的时候，可以找一个安静的地方，房间的角落或者院子里都是可以的。即使你身户外，不能有一间独立的屋子来进行冥想也没有关系，你还可以从大自然中感受冥想的力量：坐在海边的时候，你可以悠然地倾听海浪撞击岩石的声音；穿过森林的小径时，你可以仰望蓝天白云和茂密的树荫；站在清澈的小河边，你可以静静地看着鱼儿嬉戏。冥想是不分时间和地点的，重要的是你的心是否能够专注起来。

冥想的时候，最好什么都不要想，先静静地坐一会儿，闭上眼睛，只关注自己的呼吸。然后打开你的五感——听觉、嗅觉、视觉、味觉和触觉，开始集中意念，逐一用它们去感知周围的世界，摸一摸旁边的器具杂物，嗅一嗅花的香气，看一看树叶的飘落和白云的流动。每天进行这些看起来非常简单的步骤，坚持一段时间，就会让你获得意想不到的专注力。

世界上很多地方的文化和宗教领域都有通过冥想来培养注意力的练习。随着时代的不断发展，如今的人们将流传了千百年的古老技巧和严密的科学方法相结合，共同总结出了提高专注的方法和途径。

在冥想训练中，我们可以通过训练思维来激发内心深层次的自觉意识，从而达到启迪精神、放松身心以及其他的目标。有科学研究表明，冥想练习不仅可以在精神层面集中我们的注意力，还可以引起我们身体的代谢速率、血压、呼吸、大脑活动的变化，有助于强化意志、减少焦虑和保持情绪的稳定。随着冥想时间的增加，人们会更加快速地进入专注的状态，并且可以不断增加专注力的持续时间。所以，我们通过专业的冥想练习来改善专注力，是十分可行的方法。

通过冥想来进行专注力训练，也有一定的技巧，关键是我们要坚持下去。我们可以通过设置呼吸闹钟的方式来不断改进冥想的效果。有两种练习可以配合我们的冥想来完成，需要每天坚持，最好是每天进行两次练习。

方法一：腹式呼吸法

设置闹钟在十分钟后响起。

我们先找个位置舒适的位置，双脚盘腿坐在地上，双手轻轻地放在腿上，闭上双眼。冥想中的呼吸是十分重要的，一定要尽量使用腹式呼吸，而不要用胸式呼吸。腹式呼吸在吸气的时候横膈膜下降，会把脏器挤到下方，因此肚子会膨胀，而吐气的时候横膈膜将会上升，因而可以进行深度呼吸，吐出较多停滞在肺底部的二氧化碳。

呼吸时要自然而缓慢，不要快速地强迫腹部扩张或内收，集中意念保持平稳，全身放轻松，达到舒缓的状态，循序渐进。

刚开始进行练习的时候，我们可以先吸气再呼气，各自保持五秒钟的时间。练习一段时间之后，在肌肉已经得到放松之后，延长吸气和吐气的时间，可以延长到十秒，然后再渐渐增加时长。

在练习的过程中，最开始可以定时，在形成习惯和规律后，可以保持相应的节奏而不需要计时。随着练习的不断深入，我们的呼吸状态会逐渐加深，呼吸节奏也会逐渐变得缓慢，每次呼吸的时间就会自然而然地延长。

这个训练的重点是把注意力集中在腹部，当你感到有杂念产生时，也不必紧张，可以先试着抛开杂念，如果精神不能继续集中，就放开双手和双腿休息一下，再继续。

方法二：倒数默念法

依旧设置闹钟在十分钟后响起。

首先双脚盘腿舒适地坐下，双手轻轻放在腿上，闭上眼睛。然后从 100 开始缓慢倒数到 1，每个数字之间停顿三四秒的时间，再数下一个数。在头脑中集中精神想象默念的数字，一段时间之后，可以不用数数字之间停顿的秒数，按照固定的节奏默念即可。随着越来越熟练，可以不断地调整节奏，越慢越好，把注意力集中在倒数的数字上。

和腹式呼吸一样，当有杂念产生时，可以重新开始，不必从头开始数，从临近的数字开始即可，比如数到 85 的时候出现了杂念，那就从 86 开始接着数。随着时间的累积，我们的专注力就会相应地得到提高，而杂念也会消失不见。

培养一个好的习惯并坚持下去

要想训练我们的专注力，有一个简单方法就是培养一个好的习惯，日积月累，你的身体和精神就会适应这种习惯，每天在固定的时间去做同一件事，久而久之一到时间就会不自觉地做这件事，专注于这个习惯。

如果你留心周围那些成功人士就会发现，真正努力工作并且有自制力的人几乎在做任何事情的时候都是十分投入和专注的。因为他们已经习惯了全神贯注地做事情，不需要刻意去纠正自己就能做到。即使在有外界干扰的情况下，他们似乎也很难受到干扰，而是能够潜心专注于眼前的事情。

马克思曾经说过："良好的习惯是一辆舒适的四驾马车，坐上它，你就跑得更快。"习惯是经过我们的长期培养而形成的一种生活方式。拥有一个良好的习惯能够培养我们的耐力，让我们实现远大的目标和理想；而一个满身恶习的人是很难走上正途的，也很难拥有美好的生活。

培养一个好习惯不是一朝一夕就能达成的，这需要一个坚持的过程，并且要克服自己意志力和精神的懈怠。著名作家奥斯特洛夫斯基说过："人应该支配习惯，而决不能让习惯支配人，一个人不能去掉他的坏习惯，那简直一文不值。"

我国著名的书画家齐白石先生是一个非常珍惜时间的人。为了不浪费时间从而专心作画，齐白石先生给自己制定了一个目标：每天至少要画五幅画。即使是在他九十多岁的时候，依然保持着这个好习惯。齐白石先生对自己的每幅画作都秉持着认真细致的标准，并不会因为身体疲乏或者时间不够而糊弄了事。他一直用一句警句来勉励自己，这句话就是："不教一日闲过。"

有一天，齐白石的朋友和学生来到他的家里给他过生日，大家欢聚一堂，场面十分热闹。直到晚上，齐白石才把前来贺寿的客人都送走，此时九十多岁高龄的他身体已经很疲惫了。但他想起来自己每天五幅画作的目标还没有完成，于是，他立即拿起画笔开始绘画。但是由于身体实在疲惫不堪，他的精神难以集中，在家人的多番劝阻下这才回屋休息。

　　第二天，齐白石惦记昨天的任务没有完成，于是早早地起了床，家人怕影响他的身体健康，都劝他不要画了。但是，齐白石已经养成了习惯，如果不这么做一天都不会踏实，他说道："昨天客人多，我没有作画，今天可要补上昨天的'闲过'呀！"就又拿起了画笔开始作画。

　　有科学研究表明：一个做法如果坚持二十一天以上就会形成习惯；重复九十天会形成稳定的习惯。最困难的是前二十一天，因为"万事开头难"，但是只要坚持下来，一旦形成了习惯，就会给我们带来意想不到的好处。

　　当我们有意识地养成了一个好习惯，不但会增强我们的意志力，同时还会增强信念感。以后在我们遇到一些困难的时候，我们的心中就会充满自信，相信自己一定可以克服所遇到的艰难险阻。

　　一个好习惯的养成，无论其大小，所带来的影响都将是巨大的，即使现在我们可能意识不到它的作用，但这对于我们的一生将是十分有益的。我们可以和志同道合的同伴一同去培养好习惯，双方互相鼓励、互相监督、共同进步，这样我们就会更有信心和毅力去完成每件事情。

那我们如何才能养成一个好习惯呢?

首先,我们应该先知道什么习惯是好的习惯,并且摒弃那些影响我们身心健康的不良习惯。其次,我们还要分析这个习惯是否可以执行下去,不要给自己制定难以完成的习惯目标。否则,就只是头脑发热,嘴上说说,很可能会在实行的过程中半途而废。最后,制定好了切实可行的目标,那就应该开始有计划地去培养这个习惯。"一个良好的开始是成功的一半",用计划去约束自己,执行起来就会减少很多的阻力。

大多数好习惯的养成都应以"意识"作为基础。在有效地集中精神之前,你必须自觉地下定决心,聚精会神地行动。也许开始的时候很难,并且我们很可能在无意识中又悄悄分散了精神,但这不重要,重要的是坚持长时间的练习。

许多在各自领域成绩卓著的音乐家、运动员、作家等,都要坚持不断地进行训练来保持精神的活跃度和身体的灵敏性,这样才能确保他们在比赛或者演出中保持持久的专注力。

我们常说学坏容易,学好难。不好的习惯养成十分容易,并且时间一久会对我们产生极为严重的消极影响。当今时代发达的网络，以及数不胜数的现代科技手段，无时无刻不在分散我们的注意力，让我们分心。一些自制力较强的人或许尚且能够排除一些干扰，屏蔽电话、卸载游戏、关闭朋友圈等，但这个过程是十分困难的，毕竟我们的生活已经离不开这些电子设备和信息软件了。

因此，我们要有耐心地坚持下去，高度集中的注意力并非一朝一夕可以练就的。提高注意力最简单技巧就是专心致志地训练，不断地重复，直到把它埋藏在我们的潜意识里。在训练的过程切勿急躁，一定要静下心慢慢来，终究会形成一套对自己有用的方法的。

专注力为什么会对我们的学习和工作效率产生如此大的影响呢？这与人类的意识活动有着很密切的关系。

第一，专注于一件事情能让显意识全方位地进行高效运作。显意识是指人们自己可以认识到并且有目的、有选择地控制自我意识和心理过程的总和。显意识具有明显的主观能动性，当我们坚持做一件事情的时候就是主动的行为意识。

第二，也是更为重要的一点，已经形成的习惯还能够使我们的潜意识在不知不觉中进入一种专注于某件事情的状态。相对于显意识来讲，国际精神科学分析学派认为，人的大部分精神活动则存在于心理的深层，往往意识不到，这就属于潜意识范畴。

你可能有过这样的经历，在长时间思考一个问题或者重复一个习惯以后，即使不再主动做这件事情，或者被其他的事情所打断，但在潜意识中依然保留着"惯性"。也就是说，潜意识中我们仍然在进行着这件事，虽然在显意识层面它被其他事物所取代，但潜意识中的大脑仍然被它所占据着。这种无形中对时间和精力的利用日积月累就可以产生巨大的效应。

这就证明了潜意识可以在我们觉察不到的情况下提高我们的效率。同样地，潜意识也可以在我们觉察不到的情况下干扰我们的注意力。比如你最近总是因为房贷的事情焦虑不已，很可能会导致在工作中出现失误。即使在你工作的时候并没有想着还房贷这件事，但是你的潜意识却在影响着你的头脑。

这也就是说你的显意识在关注一件事情，而潜意识却聚焦在了另外一件事情上，并且在不知不觉中打扰了显意识的工作，从而影响了注意力和工作效率。所以，如果显意识和潜意识都能专注于同一件事情，那么这时的做事效率就会大幅提高。当这种专注力变成一种习惯之后，就很容易在短时间内把我们的潜意识带入一种专注的"惯性"之中，于是显意识的注意力就与潜意识的注意力融合在了一起。

科学研究发现，如果我们在晚上进入睡眠状态时能够把白天学到的知识整理复习一遍，那么得到的收获将是别人的一倍，这就是潜意识的作用。

武侠小说中，经常会有一些主人公虽然年纪不大，但是却拥有别人三十多年的内力，这是为什么呢？因为他不光在白天的时候练功，在晚上睡觉的时候也在潜意识中修习内功心法，如此一来，打通了显意识和潜意识之间的道路，让它们互相协作，想不进步都难。

其实，我们训练专注力也是为了让它变成一种习惯。一个习惯于专注做事的人无论要做什么都能很容易地进入专注的状态。因此，把那些让人焦虑的事情从你的潜意识中分离出去，否则它会影响你的专注力，降低你人生的效率。

第八章

有效的时间管理是专注的法宝

珍惜时间之前，首先要明白时间的宝贵

从古至今，有无数人都在慨叹时间的易逝。圣人孔子有云："逝者如斯夫！不舍昼夜。"这是在劝诫我们要珍惜时间，否则它就会像流水一般，从我们身边静静地淌过。诗仙李白有诗曰："君不见，黄河之水天上来，奔流到海不复回。君不见，高堂明镜悲白发，朝如青丝暮成雪。"这是在悲叹韶华易逝，人生苦短，青葱岁月转瞬即逝。常言道："一寸光阴一寸金，寸金难买寸光阴。"这是在告诉我们时间的宝贵，一分一毫都不应该浪费，即使是金子也买不来。

一个人如果学会了珍惜时间，就等于是在爱惜自己的生命。而要做到充分利用时间，不虚度光阴，我们就要在做事情的时候投入百分之百的专注。"少壮不努力，老大徒伤悲。"纵览古今中外，所有取得辉煌成就的人，都要比一般人更加珍惜时间。所谓"勤奋"，不过是一分一秒的专注和勤奋堆积起来的。抓紧每一分钟来学习，利用一切可以利用的时间进行工作，这是很多成功人士共同的品质，值得我们每个人学习。

我国伟大的文学家鲁迅先生谈到自己对时间的利用时说道："哪里有天才，我是把别人喝咖啡的工夫都用在工作上的。"每一个人的生命都是有限的，属于我们的时间也是有限的。当别人在充分利用时间成就自己的时候，你却把精力用在了吃喝玩乐、挥金如土的奢靡生活上，暮年之时，留给你的只会是虚度年华的悔恨和碌碌无为的羞愧。

"时间是一个常数，但对于勤奋者来说，是个变数，用'分'来计算时间的人比用'时'来计算时间的人，时间多五十九倍。"俄国历史学家雷巴柯夫的一句格言，告诉我们了一个真理，那就是时间是非常客观的存在，它对所有人来说都是一样多的，它对于每个人都是平等的，它不会因为你是富人或者勤奋者而变多，也不会因为你是穷人或者懒惰者而变少，但是关键在于，在这有限的时间内拥有不同意志力和专注力的人会得到不同的结果。懂得珍惜时间的人与白白浪费时间的人实际所获得的有效时间又是极为不一样的。在相同的时间里，如果一个人投入更专心的精神、更专业的技术那么他收获的效率将是另一个消极散漫做事的人的几倍之多。

　　北宋时期著名的政治家、文学家司马光是我们耳熟能详的历史人物。小时候，司马光在私塾里上学，那时的他总认为自己和别的小伙伴相比不够聪明，甚至觉得自己比别人记性差，很是自卑。因此，他开始有意识地训练自己的记忆力。

　　为了提升记忆力，对于老师教授的内容，他经常要比别人多花两三倍的时间去记忆。老师讲完所要学习的内容，一些同学读了两三遍就能背诵下来，于是就跑出去愉快地玩耍了。而司马光却依旧留在学堂里聚精会神地诵读着课本，他把窗户关上，不受外边同学们玩耍嬉笑的声音的影响，继续认真地朗读和背诵，直到把课本的内容读得滚瓜烂熟，这才合上书本，开始背诵。起初他背得磕磕绊绊，但他丝毫也不厌倦，直到背得一字也不差，这才作罢。

　　司马光不光是在私塾里专心学习，他还抓紧一切空闲的时间勤学苦读。即使是在赶路的时候，或是在晚上睡不着的时候，他都会一边默诵之前学习过的内容，一边思考文章中作者想要表达的思想。

　　久而久之，他不仅能够对所学的内容倒背如流，而且记忆力也变得越来越好，即使随着年岁的增长，很多人都把少时所学的东西遗忘了，但他还能记忆犹新，竟至终身不忘。也正是由于司马光从小对学习认真严谨、专心致志的态度，为他后来著书立说奠定了十分坚实的基础。

司马光一生持之以恒地埋头苦读、写作，经常不顾严寒酷暑。他住的地方，除了书本，只有非常简单的摆设：一个木板床、一条不太厚实的粗布被子以及一个圆木做的枕头。

为什么他的枕头是圆木做的呢？这是因为司马光经常读书读到很晚，读累了不知不觉就会躺下来睡一会儿。可是人在睡觉的时候是不可能不动的，总会翻一下身或者移动下身体。而在他移动的时候，圆木的枕头就会滚到一边，失去了枕头，他的头就会磕到硬硬的木板上，这样的一个碰撞，他也就被惊醒了。于是，看到自己竟然睡着了，司马光就会立即穿上衣服，点上蜡烛，继续埋头读起书来。后来，这个圆木枕头就被司马光叫作了"警枕"。

就是凭着这种坚持不懈的精神，司马光花了整整十九年的时间，主持编纂了中国历史上第一部编年体通史——《资治通鉴》，而他本人也因此流传千古、对后世影响深远。

一日之计在于晨，青年时期是我们一生中的黄金时代，是最富有活力、激情和创造力的时期。如果你热爱生活，那么就抓紧有限的时光专注做事，艰苦奋斗，这样才不枉费我们在这人世间走一趟。人生百年，几度轮回几度春秋。前路漫漫，时间仿佛悠悠无期；蓦然回首，才惊觉瞬间即是永恒。

然而，在我们中间总有一部分人不能吸取前人的教训，不珍惜时间，整日庸庸碌碌，无所作为。《明日歌》中唱道："明日复明日，明日何其多。我生待明日，万事成蹉跎。"为什么不能今日事今日毕呢？明明踏实下来，集中注意力可以在两个小时之内做完的事情，却偏偏要一拖再拖，永远觉得还有无数个明天等着自己，还有无数个下一秒可以利用。如果你总是把今天应该要完成的事情推到明天，这不仅是在浪费你自己的时间，同时也是在耽误别人的宝贵时间。

著名散文家朱自清在《匆匆》一文中写道："洗手的时候，日子从水盆里过去；吃饭的时候，日子从饭碗里过去；默默时，便从凝然的双眼前过去。我察觉他去的匆匆了，伸了手遮挽时，他又从遮挽着的手边过去；天黑时，我躺在床上，他便伶伶俐俐地从我身上跨过，从我脚边飞去了。等我睁开眼和太阳再见，这算又溜走了一日。我掩面叹息，但新来日子的影子又开始在叹息里闪过。"

如果珍惜自己的生命那就请从珍惜现在的每一分每一秒开始。我们从出生的那一刻开始，生命就已经进入了倒计时。"未来""现在"和"过去"都是时间的步伐："未来"，惶惶然地靠近；"现在"，快如闪电般消失；"过去"，永远地定格在原地。在伟大的宇宙空间里，每个人都如一闪即逝的流星，刹那光辉；在无限的历史长河中，我们犹如翻涌的一点浪花，微不足道。所以，珍惜时间，敬畏生命，世界上最容易得到又最容易失去、最平凡而又最珍贵的东西就是时间。

如果我们把每天打发无聊的时间用来学习，那么在不久的将来就会发现自己积累了很多知识。再把这些知识用到生活里，就能为自己创造出许多有价值的东西。时间是我们可以掌握在手中的最宝贵的财富，它是生命的重要组成部分，我们的生命只有一次，因此请不要平白无故地浪费每分每秒，合理安排时间。即使人一生的时间有限，也可以活出不一样的精彩。

碎片化时间也可以高效利用

我们常说的碎片化时间指的是生活中的一些零碎的时间段，比如人们在等电梯、买饮料、坐公交车时的分散性时间。在大多数的碎片化时间中，我们都会拿出手机或者平板电脑来浏览八卦新闻、阅读电子书等。这些零碎的时间虽然毫不起眼，但是在被合理规划之后却能产生令人吃惊的效果。因此，当今社会似乎越来越看重碎片化时间了。

英格兰作家赫胥黎曾经说过："时间最不偏私，给任何人都是二十四小时；时间也是偏私，给任何人都不是二十四小时。"这句话听起来很是矛盾，然而细细品来确实非常有道理。时间的偏私就在于每个人利用时间的方式不一样，这就造成了不同的结果。

小丽是一家外企公司的员工，以前每到中午吃饭的时候，小丽都被其他同事叫走，一起去公司的食堂吃饭。然而，最近小丽报考了一个会计考试，每次同事们叫她一起去吃饭，她都婉言谢绝，说自己要抓紧时间复习就不和他们一起吃饭了。时间久了，同事都也都不再叫她了，而自己买了外卖在工位上一边学习一边吃饭的小丽突然觉得自己的学习时间变长了，并且效率也有了显著提升。回想起这段时间自身的变化，小丽觉得是自己对时间的利用和以往不同了。

在以前，中午小丽和其他同事总会一边吃一边聊着各种新闻和八卦信息，一个人说完另一个人接着说，转眼间就过了一个小时，要不是一会儿还要上班，他们还能再聊一个多小时。而现在，小丽基本上只有在休息打水的时候才能和相熟的同事聊上两句，原来午休的时间都用来学习了。并且，以前大家在一起，人人手里都拿着手机，边聊着边刷着微博和微信，如今，为了学习考试，小丽给自己定下了要求，吃饭的时候坚决不能刷手机，而就是在这午休的一个多小时里，小丽找回了许多被浪费的时间，并且在没有外界干扰的情况下，学习的专注力也得到了提升。

其实，我们每天除了工作以外，碎片化的时间是有很多的，如何利用自己的碎片化时间提高自己的技能是对每个人的考验。这些碎片化的时间可能只是几分钟，但是都加起来也不容小觑。就吃饭时间来说，原本可以十几分钟就吃完，但是如果大家一起聊天或者刷手机，一个小时很快就过去了。再比如，我们每天在上下班的路上花费在地铁和公交车上的时间，也可以被我们拿来充分利用。

那么这些时间我们可以用来做什么呢？很多人都抱怨现在社会的节奏太快了，人心浮躁，已经很难静下心来读一两本书了。有的人总说自己没时间读书，那是因为把碎片化的时间浪费掉了，在上班的路上即使只有半个小时的时间，一天抽出三十分钟来阅读，一个星期（按五个工作日来计算）就是一百五十分钟，一个月就有五六个小时；再加上周末的时间，一个月至少可以读完一本书。

因此不要给自己找理由，那些只是你用来逃避自己浪费时间，不会合理利用时间的借口。专心地利用碎片化的时间，很多问题都能迎刃而解。

很多现代人在工作中都面临着多任务的困扰。是利用碎片化的时间专心工作，还是将工作的时间碎片化呢？这两者之间是有十分巨大的区别的，前者是为了提高效率，而后者则很可能是白忙一场，费时费力。

　　利用碎片化时间进行工作是充分利用了我们生活中可能会被浪费和被忽略的时间来处理工作上的事务，而将工作的时间碎片化则是将本来整块的时间分割成多个小块时间断断续续地穿插着做许多不同的事情。

　　我们可以用一个很简单的例子来说明这二者的区别。当你在等地铁的时候，可以利用空闲时间给工作伙伴回复一个紧急的邮件或者信息，这就是在高效地利用碎片化的时间来工作，因为发一个信息可能只需要几分钟，并不会占用太久的时间。而相反的，如果你在大家开会讨论工作的时候拿着手机看新闻或者朋友圈，那么就是在分散自己的精力，把完整的时间碎片化了，等到你再次投入会议的时候，专注力就已经受到了影响，精神自然很难集中。

　　很多事业成功的创业者和企业家都是充分利用碎片化的时间来集中精神投入工作的。因为他们要管理很多工作上的事务，参加会议、出席活动、接受采访等，经常一天辗转很多个地方，很多时候可能连固定的办公场所都没有。但是，不要以为他们在车上闭目养神的时候就只是在休息，他们的大脑其实正在集中精神地高速运转着，也许一个价值几百万元，甚至几千万元的合作方案就是在此期间形成的。而我们大多数人即使是在办公室的电脑桌前也很难专注地投入工作中。这就是别人能够成功，而你只能看着别人成功的原因。

另外，当我们训练专注力时，要从短期集中注意力开始练起。

"番茄时钟法"就是一个可以帮助我们短期集中注意力的切实可行的方法，使用它可以极大地提高工作的效率，还会收获意想不到的结果。

首先，我们要设置一个三十分钟的闹钟，在这段时间里，一定要认认真真地做好手头上的工作，中途尽量别被其他事情所打扰。等到闹钟响起，就可以暂停下来，站起来休息活动一下，然后在纸上做个标记，记录下来。五分钟之后，你就要结束休息时间，重新把注意力投入到工作中来，再开始第二个三十分钟的工作时间，闹钟响起之后是第二个五分钟的休息时间。以此类推，直到把这一天要完成的工作做完。结束一天的工作后，根据记录对当天的工作情况进行回顾，同时也可以对第二天的时间安排进行合理的规划。

番茄时钟法的优点是，能够解决困扰很多人的无法长时间专注的问题。如果你觉得以半个小时为一个单元的时间太长了，不能让你集中精力，那么可以把时间缩短为二十分钟或者十五分钟。利用番茄时钟法的重点不在于每次任务时间的长短，而在于每次在规定的时间内专注的程度。只要每次都能集中注意力，随后渐渐地把专注的时间延长，专注力自然就会不断得到提升。

随着生活节奏的加快，现在人们的时间变得越来越零散。我们每天除了工作时间以外，想要抽出一两个小时的完整空闲似乎很是困难，但是像等电梯、等地铁、排队买咖啡这种琐碎的看似无事可做的时间却是很多。

对于碎片化时间的利用我们可以根据不同的场合和不同的情况，选择以下的方法进行实践：

1. 在公交车或者地铁上

乘坐交通工具的时候，由于环境可能比较拥挤，不适合相对深入的阅读或思考，可以阅读一些报刊或者资讯等，还可以随身带电子书，这样阅读会更为方便。

2. 吃完午饭后的午休时间

午休时间可以休息一会儿，放松自己的头脑和身体，为下午的工作储蓄充沛的精力。在闭目养神的时候思考今天会议的内容，工作中遇到的问题如何解决，或者是否有新的工作计划等，然后在接下来的工作中好进行改善。

3. 工作或学习休息的间隙

学习累了，或者工作乏了，我们不要继续强撑下去，这时候可以休息一下，做一些自己感兴趣的事情让身心放松一下。比如弹一首曲子、还原一次魔方、拼一会儿拼图等，也可以做一些简单的舒展运动，缓解肌肉的疲劳。

4. 其他一些无序的碎片化时间

这些时间可以做一些比较简单的事情，利用随身携带的手机备忘录记录下构思的文章大纲或者一些新的创意和想法，列一些待办的事项清单等，回复工作的信息，等等。

合理地利用碎片化的时间，不光是一种技巧，我们更应该把它变成一种生活习惯。当你走在路上产生了一个好的想法或者一些新的体验，都可以随时记录下来。在这些零碎的时间里，让专注力引导我们进行思考，时间就不会被荒废。

分清轻重缓急，有效提升时间管理能力

在每天的工作和生活中，都有许许多多的事情等着我们去处理，大到家人生病住院要做手术，小到晚上回家决定吃什么晚饭。每件事情都与我们的生活息息相关，如果处理不好很可能会给我们的正常生活带来负面影响。因此，到底应该先做什么，后做什么；哪件事情花费的时间比较长，投入的精力比较大；哪件事情可以稍微延后一点来做，都是我们要思考的问题。当我们在事务中焦头烂额的时候，如果不分主次地进行工作，那么到头来很可能是"剪不断，理还乱"，不仅"丢了西瓜"，很有可能连"芝麻"也没有捡到，使一些原本可以提高效率的时间被白白地浪费掉。

我们首先要处理重要的或者紧急的事务，对于不太重要或者不太紧急的事情可以先放一放。集中精力处理要务才是科学的做法。聪明的人，会知道如何分清事情的轻重缓急，如何提高自己办事的效率。要掌控你的工作而不是让工作掌控你的生活，这样才能举重若轻。

有这样一则寓言故事：

从前在一个村庄里住着两个猎人，一天早上，他们二人一起去郊外打猎。正在他们寻找猎物的时候，一只大雁向他们飞了过来。

"我要把它射下来煮着吃。"一个猎人拉开弓瞄准大雁说。

"鹅才要煮着吃，大雁还是烤着吃更香。"另一个猎人说。

"我说要煮着吃。""还是烤着吃更好。"两人为了如何处理大雁的事争论不休。

过了一会儿，他们看到不远处走来了一个农夫。于是，他们要农夫为他们评评理，到底是煮着吃好，还是烤着吃好。农夫给他们出了一个主意：把大雁分成两半，一半煮着吃，一半烤着吃。两人认为这样可行，这才停止了纷争，决定一起将大雁射下来。但等他们回头想射下大雁的时候，却发现大雁已经飞走了。两个人你看着我，我看着你，都追悔莫及。

这则寓言故事给我们的启示是：做事情一定要分轻重缓急，否则即使上天赐予了你机会，机会也会从你手中溜走。对于故事中的两个猎人来说，当务之急是先把大雁射下来，因为大雁在空中飞来飞去，是不可能在原地等着他们；至于大雁要怎么烹饪的问题则是次要的。而他们二人却本末倒置，最终只得白白错失机会。

在遇到事情时，如果我们非要去追求一套完美的解决办法，或者是几个人统一意见，达成共识，制定出一个彼此都满意的方案，那么，很可能最后得到的是"竹篮打水一场空"的结局。

同样地，如果一个人对琐事的兴趣很大，那么他对重要的事情的兴趣就会变小，所投入的关注度和耐心就会减少。专注力是一种十分稀有的资源，因此我们就更有必要把如此重要的专注力放在那些紧迫或者有意义事情上。每件事都关心的结果最可能就是每一件事情都做不好。把我们有限的珍贵的专注力放在过多的无用的小事上，不仅是浪费精力，我们得到的也只会是疲惫和烦躁，而丝毫体会不到生活的乐趣。

现代人做事的一大问题就是太过随意，分不清轻重缓急，导致注意力分散。对于一些能力比较强的人来说，这种做法可能只是多耗费一些时间而已，最终或许可以把该做的事情做好的；但是对于一些实力不是很强，偏偏还不懂轻重缓急的人来说，这么做非但解决不了困境和问题，反而会使其生活和工作陷入一片混乱，不利的局面也难以得到扭转和控制，并且其间所耗费的时间和精力也会付之东流。

作家班尼斯说过："最聪明的人是那些对无足轻重的事情无动于衷的人，但他们对那些较重要的事务却总是做不到无动于衷。那些太专注于小事的人通常会变得对大事无能。"这就好比在参加赛跑比赛的时候，选手要关注的目标是终点的冲刺带，而不是路边的花花草草和屋舍人群。

常言道，第一流的人做第一流的事。现实中为什么成功者总是少数，就是因为许多人一边整天忙着处理琐碎的小事，一边又抱怨腾不出时间做大事。其实根本原因在于，他们的潜意识里在逃避做大事，因为做大事需要付出的精力、能力、勇气和自信是做小事的十倍甚至百倍。因而他们宁愿在小事中度日如年，也不愿意向未知领域迈出一步。

美国心理学家威廉·詹姆士曾经说过："明智的艺术就是清醒地知道该忽略什么的艺术。"武侠小说家温瑞安说："真正的聪明人会把精、气、神集中于一处。"不要被那些琐碎又不重要的人和事所打扰，因为成功的秘诀从来都是抓住主要目标。就像我们解决问题，只要抓住主要问题和主要矛盾并率先解决掉，剩下的问题就可以毫不费力地迎刃而解了。

在一定的时期内，一个人的精力、资源和能力都是有限的，你不要妄想同时做好数件同等重要、难度又都很大的事情，即使你二十四小时不休息不睡觉也是不可能的。因此，取舍就变得尤为重要，否则你的意志早晚会被消磨掉。

网络上铺天盖地的信息给每个人的发展提供了更多的机会，但也更容易让人们的精神涣散和疲劳。这就如同在我们面前横着一条河流，水面越宽越需要人们选择更好的渡河方法，走向正确的方向，如果选错了渡河的工具和方法很可能被河水吞噬。

我们在安排事务的时候，可以采用矩阵法，把事务分成重要且紧急的、重要但不紧急的、不重要但紧急的、不重要也不紧急的这四类。然后可以把这四种分类情况分为四个象限，这样一来，先做什么，后做什么就会一目了然、直观易懂。

分清轻重缓急，是为了让我们用 100% 的激情做好 1% 的事情。有的事情非常着急，需要立即处理、马上就办的，我们可以优先解决；有的事情不是很着急，预留的时间相对宽裕些，那么我们就可以放在后面再办。这样我们就能找到排在首位的最重要同时也是最紧急的事情了。

心理专家通过调研指出，如果我们懂得分清楚事情的轻重缓急，有效合理地安排自己的工作，那么就会发现生活中的很多压力会自然而然地减轻甚至消失，我们就会更有效率地完成工作计划，并从中感受到快乐。

小飞是一名刚刚参加工作的毕业生。为了进入一家知名的企业，小飞在大学期间就做了充足的准备，毕业之后果然功夫不负有心人，他通过招聘进入了心仪的公司。看着这来之不易的工作，他暗暗在心中下定决心，一定要好好工作，争取在一年内取得优异的成绩。

在工作中小飞确实十分认真，领导交给的任务也都能够按时完成。但是，随着时间的推移和生活的变化，小飞对工作的积极性逐渐衰退了。忙了一周的小飞本来计划在周末去图书馆学习，想在专业技能上更上一层楼，考一个计算机证。而周五的晚上领导临时给小飞打电话说周一要和客户开会，要小飞做一个项目计划书。小飞的女朋友这时也给他发微信，说好不容易到了周末，想约他一起看电影。

小飞心想周末有两天时间，时间应该来得及就答应了女朋友的要求。

周六一早，两人看完了电影，女朋友又让小飞和她一起逛了会儿街，一转眼就到了下午。回到住处的小飞本想打开电脑写项目计划书，此时突然接到了同学的电话，电话中说自从毕业之后，几个同学就没见过面，今天一起聚餐。小飞不好意思拒绝，于是拿起外套出了门，直到深夜才回家。

因为聚会的时候喝了酒，小飞一觉就睡到了周日的下午，一睁开眼睛他立马想起图书馆还没有去，计划书也没有写，于是立刻赶工，写了一份连自己都不太满意的计划书勉强交给了领导。再一看时间，已经是晚上八点钟，图书馆早已经关门了。

你在平时是否也会遇到类似的情况呢？上述案例中的小飞就是没有将要做的事情分好主次，以至于把重要的事情放在了最后，而不重要的事情占据了大部分的时间。其实，现实中很多重要的目标没有完成的主要原因，就是我们总是把过多的时间花费在不重要的事情上了。

还有一点也很重要，我们在处理事情的时候要学会说

"不"。在我们的身边，或许有许多毫不起眼儿的小事，在重要且紧急的事情面前，我们应学会拒绝那些不重要的事情，不要抹不开面子，不要让一些不必要的要求和麻烦扰乱工作的进度。

有句话说得好："分清轻重缓急，设计优先顺序。"这是提高工作效率的重要法宝。我们要想提高工作效率，就要时刻谨记"要事第一"的原则，分清事务的轻重缓急。在工作中我们要处理大大小小的许多事情，如果我们能分清主次和先后顺序，将会十分有助于我们成功地完成这件事情。而工作中如果不分轻重缓急，直接上手就做，就只能成为一个麻木完成任务的机器人。总之，要想做好领导交给我们的工作，就要学会分清楚事情的轻重缓急。长期下去，这样做不仅有效地提高了工作效率，还能节省大量不必要的时间，让我们可以做更多更有意义的事情。

戒掉拖延症

你本来有充足的时间去做一件事情，但是由于精力分散、拖拖拉拉导致快到最后期限时才慌慌张张地开始做，最后由于时间有限，只得草草完成。很多人都有过这样的经历，有没有什么方法可以避免它呢？

这样的行为方式被大家称作拖延症，拖延症虽然后面有个"症"字，但在严格意义上讲，它并不是一种病，而是一种自我调节失败的结果，并且在人类社会可以说是一种普遍存在的现象。

拖延症可以说在每个人身上多多少少都会存在。一项调查显示大约有 75% 的大学生认为自己有的时候做事情会存在拖延，25% 的大学生认为自己一直拖延。而几乎没有人敢承认自己完全没有拖延症。

李逸飞和孙天翔毕业于北京的同一所学校。李逸飞学的是美术设计，孙天翔学的是广告策划，他们有一个共同的理想，希望将来可以自主创业，有一间自己的工作室。为了这个理想，毕业后两人合租了一套房子，开始了在北京工作打拼的日子。

三年后，李逸飞在工作中不断积累经验，计划辞职回到家乡创业。他把自己的想法告诉了孙天翔，问他愿不愿意也辞职去创业。孙天翔思考了几天后，对李逸飞说："其实我也很想去创业，但是担心回到家乡后的发展前景不会像在大城市这样好，如果找不到合作企业，没有业务该怎么办？我还是再等等吧。"李逸飞觉得孙天翔的担忧也不是没有道理，并没有再强求他，一个人离开了北京。

五年后，李逸飞在家乡成立的"自在飞翔"工作室已经成了业内知名的设计公司，李逸飞也成了炙手可热的金牌设计师，获得过多项国内外设计大奖，可以说是创业成功的典范。

而当他再次见到依旧在广告公司写文案的孙天翔时，孙天翔不无遗憾地对他说："我真的很后悔当年没有和你一起回家乡创业，错过了一个很好的发展机会。这五年中，我不止一次想辞职去创业，但不是怕承担风险，就是觉得自己能力不够，总想着再观望一阵，这一观望就过了这么多年，现在再想创业也没有了激情。我算是明白了，很多事情应该在想好了的时候就立即去执行，拖延除了浪费时间，到头来什么也得不到。"

很多事情就是这样，一旦错失机会很可能就是一辈子的遗憾，所以不要让拖延症成为阻碍你成功的壁垒。一些人会觉得即使在生活中存在拖延的问题，对自己的影响也不是很大。日积月累的习惯会给我们造成潜在的影响，这是被很多人所忽视的。拖延症如果得不到改善，会使我们无法集中专注力，做任何事情都散散漫漫，以至于成天混日子。严重的拖延症还会给我们的身心健康带来十分消极的影响，如果得不到治疗，很可能会让我们产生强烈的自责感和愧疚感，并且还会伴随对自我的否定和贬低，严重的还会有焦虑症和抑郁症等心理疾病。

本杰明·富兰克林说过："你可以拖延，但时间不会停止，失去的时间再也找不回来。"有拖延症其实也不是什么丢人的事情，这是一种大多数人都有的"顽疾"。尽管每次接到任务前，我们都会对自己千叮万嘱，要抓紧时间，尽快地完成任务，但在社交软件和人际关系的影响下，我们还是经常将工作拖到了最后，不到最后一分钟很难完成。

因此，要想提高专注力，必须戒掉拖延症。

要想戒掉拖延症，我们可以从以下几个方面做起：

1. 找到自己必须要戒掉拖延症的理由

拖延症的危害不胜枚举，很多人之所以选择忽略拖延的问题，是因为还没有切身地感受到拖延症对自己的影响。然而当我们在工作上因为拖延而被领导责备，被客户追责，被同事埋怨，以至于丢了工作的时候，就会意识到拖延症的威力。因此，我们必须要有一种危机感，不能再这样下去了，否则将会影响到自己的切身利益。

其实人人都有惰性。谁不想过安逸悠闲、四平八稳的生活？但是在如今日新月异的时代，不思进取很容易就会被社会所淘汰。古人云："生于忧患，死于安乐。"人的潜能是无限的，在一些外界因素的刺激下，往往能迸发出前所未有的动力。戒掉拖延症就是让我们能够突破原有的格局，从而能够在激烈的职场竞争中多一分胜算。

此外，在我们消灭了拖延症以后，精神的专注力会得到显著的提升，做事情争分夺秒，充满激情，心情也会变得愉悦起来。这在无形中就会形成一种良性循环，帮助我们建立强大的自信，即使将来要面临更大的未知的挑战时，也可以满怀信心地去尝试，而不会拖拖拉拉、瞻前顾后。

2. 设定一个合理的最终期限

有拖延症的人经常是直到任务期限的最后一刻才会完成任务。如果领导交代的任务规定下周一完成，那么很多人都会在周日的时候牺牲休息时间去赶工。而如果一个任务是没有期限的，那么"等明天再去完成"就会成为每天拖延的说辞，一天又一天，直到这个任务确定了最终日期，人们才会想着要去完成它。

因此，为了避免类似的问题，我们最好能给自己设定一个合理的、能够防止自己拖延并能激励自己完成任务的时间期限。

比如，你要写一篇心理分析类的文章，预计五天完成，那么你最好不要把最后期限设定在第五天，否则你到了最后一天很可能会手忙脚乱地凑合完成了事，不如把最后期限定在倒数第二天，这样在完成之后还有时间进行修改和完善，可以把文章写得尽善尽美。有了这个最终期限，你就要安排好写作时间，从第一天就要构思好主题和框架，不要都等到第四天再开始准备。按照计划进行，要在第二天，最迟不能超过第三天根据准备好的素材着手写作，这样的时间安排才能保证我们写出一篇合格的文章。

3. 找到突破点，率先攻克

很多有拖延症的人在做事情的时候是因为遇到了一个棘手的问题，不知如何下手，才开始一拖再拖。这种心理上的压力很可能让他们在行动上不知所措，进而延缓了工作的进度。事实上，我们在开始做事之前难免会产生一定的畏惧心理，尤其是遇到从前没有做过的工作时。但是等到我们不得不突破这个难点的时候，就会发现，其实事情远远没有我们想象的那么复杂和困难，所有的畏惧不过是我们杞人忧天罢了。

晓潇是一名美术院校的大一学生。由于在升学考试时的成绩不太理想，晓潇自入学以来对自己的绘画水平一直没有自信，尽管老师看到她的作品总是对她提出表扬，但是晓潇每一次交作业时都会紧张不已。学期末，老师让每个人在一个月之内自由创作画一幅油画作为期末作业，其他同学都跃跃欲试地想要一展所长，晓潇却迟迟没有动笔。

直到半个月过去了，同寝室的同学一菲已经完成了一半，看到晓潇整日愁容满面，不禁开口询问：
"晓潇，半个月了你怎么还不动笔开始画期末作业？
再不开始就要来不及了。"

面对同学的询问，晓潇支支吾吾道："我觉得我
的水平太差，也没有好的创意，不知道该画什么。"

听了晓潇的话，一菲劝道："这有什么可担心的，
你应该对自己有信心，老师不是还在油画课上表扬
过你吗？你的水平比班里一多半的人都要好呢，只
是你总是自卑。其实我开始也不知道自己画什么，
但是在我落笔的那一刹那，突然就来了灵感，慢慢
地就在头脑中形成了想要画面。如果你总是不动笔，
时间就白白溜走了，到时候作业也没完成，还浪费
了一次锻炼自己的机会。"

晓潇觉得一菲说得确实很有道理，自己怕画不
好所以总是犹犹豫豫，再不开始画就真的来不及了。
于是，构思了一个大概的画面，晓潇开始落笔创作，
随后越画越有灵感，行云流水般地画了半个月之后，
她的作品完成了。在班级展示环节，老师和同学们
一致夸赞晓潇的绘画水平，她的作品也被评选为优
秀作品。

4. 接受不完美，避免完美主义

我们在生活中经常要面对很多事情，很多人希望把每件事都做到最好，得到最佳的结果，于是在开始行动之前反复权衡利弊得失，举棋不定，犹豫再三还是觉得不够完美，生怕结果会与自己想象的不一致。拖延到最后，很多机会和时间就这么流失了。因此，我们在做事情时要避免完美主义倾向，不要给自己设定完美的目标，毕竟没有什么人事物是十全十美的，当机立断，抓住时机迅速做出判断才不会因为失去机会而后悔莫及。

其实，拖延症并不可怕，可怕的是缺乏战胜拖延症的勇气。我们有很多事都是想做却没有做，最大的问题是缺少一个开始。如果你真的想要做一件事，就要让自己尽快开始，不要等，既然决定了前行，就不要把时光浪费在犹豫上。

按照上述方法，我们不仅能够战胜拖延症，还能够大幅度提高工作效率。著名作家丰子恺先生说过："不乱于心，不困于情。不畏将来，不念过往。如此，安好！"所以，不要犹豫，放下顾虑，给自己一个开始，戒掉拖延症，同时也能赢得人生更多更好的机遇。

图书在版编目（CIP）数据

专注力 / 蒋辰著 . -- 南京：江苏凤凰文艺出版社，
2021.1
ISBN 978-7-5594-5229-0

Ⅰ . ①专… Ⅱ . ①蒋… Ⅲ . ①注意 - 能力培养 - 通俗
读物 Ⅳ . ① B842.3-49

中国版本图书馆 CIP 数据核字 (2020) 第 183817 号

专注力

蒋辰 著

责任编辑　王昕宁

特约编辑　刘思懿　申惠妍

装帧设计　tan　张

责任印制　刘　巍

出版发行　江苏凤凰文艺出版社

　　　　　南京市中央路 165 号，邮编：210009

网　　址　http://www.jswenyi.com

印　　刷　天津旭丰源印刷有限公司

开　　本　880 毫米 × 1230 毫米 1/32

印　　张　7

字　　数　110 千字

版　　次　2021 年 1 月第 1 版

印　　次　2021 年 1 月第 1 次印刷

书　　号　ISBN 978-7-5594-5229-0

定　　价　39.80 元